ピエルドメニコ・バッカラリオ／フェデリーコ・タッディア 著

猪熊隆之 日本版監修　森敦子 訳　グッド 絵
山岳気象予報士

いざ！探Q

地球はどこまで暑くなる？

気候をめぐる15の疑問

太郎次郎社エディタス

もくじ

1 気候って、なに？ …… 5

2 春と秋はなくなっちゃうの？ …… 15

3 気候は、昔から変わっていないの？ …… 25

4 なぜ「水球」じゃなくて「地球」なの？ …… 33

5 どうすれば、天気の予言者になれる？ …… 41

6 二酸化炭素って、何がそんなに問題なの？ …… 51

7 地球は暑くなってるの？ …… 63

8 極地の氷には、どんな役割があるの？ …… 71

9 海に浮かぶ島々は、沈んでしまうの？ …… 79

10 雨の量は、増えたの？ 減ったの？ …… 87

11 異常気象は、天の怒り？ …… 97

12 気候変動の原因は、環境汚染なの？ …… 105

13 グレタ・トゥーンベリは、どうして有名なの？ …… 115

14 人類が絶滅するって、ほんとう？ …… 125

15 環境を守るために、何かできる？ …… 131

じゃあ、またね …… 139

日本版監修者あとがき …… 141

1 気候って、なに？

　白うさぎって、知ってる？　首から時計をぶら下げて、ふしぎの国を駆けまわりながら、「急がなきゃ遅刻だ、急がなきゃ遅刻だ！」って、いつも時間の心配をしているあの子だよ。

　そう、そのうさぎ。その子が気候に、どう関係するのかって？　ちょっと待てば、じきにわかる（白うさぎは待つことが苦手なんだけどね）。

　この本が書かれたイタリアのことばでは、tempo（テンポ）という単語にふたつの意味がある。かわいそうな白うさぎが気にしているのは、時計が示す「時間（テンポ）」。きみが窓から外をのぞいて見えるのは、「天気（テンポ）」だ。

　ひとつめの時間（テンポ）からは、3時だからそろそろおやつだな、ってことがわかる。ふたつめの天気（テンポ）は、いま晴れだ。でも、急に雨が降ったり、風が強くなったりすることもある。だから出かけるときにはウィンドブレーカーを忘れないように。

時間の流れは目に見える。太陽や月の動きを目で追うと、まるで空を移動していくようだ。雲がひらけたり、霧が下りたり、雪が舞いおちたりする瞬間も目に見える。

天気は、肌で感じることもできる。暑いと汗をかく。もっと暑くなると、もっと汗が出る。寒いと歯がガチガチと鳴る。もっと寒くなったのに、きみがあいかわらずビーチサンダルをはいて外に立ってたら……、ちょっとかけることばが見つからないな。

時間に追われたり、天気が急変したりすると、不安になる人が少なくない。程度の差はあるけれど、ぼくらはみんな、白うさぎに似たところがあるんだ。その日の天気によって体調が変わる「気象病」という病気もある。

夕方、太陽が地平線の向こうに消えることを、「日が沈む」っていうよね。でも正確に言えば（この本では正確さにこだわった。そうすれば、きみのとなりの白うさぎも納得してくれるからね）、「日が沈む」なんてことはない。太陽はいつだって同じ場所に浮いている。だから、きみが「太陽は沈まない」と断言しても、反論できる人はいないだろう。

> **気象病**
>
> 気象病は、気圧や気温、湿度などの変化で体調が悪くなる病気だ。さまざまな症状があって、苦しんでいる人も多いけれど、気象病の人は特別な才能の持ち主ともいえる。自分の体調の変化から、天気を予想できるかもしれないからね。

太陽は、隠れることもあるけれど、いつも同じところにある。

そして、ある時期には長い時間ぼくらを照らし（夏がそうだね）、別の時期には短い時間しか照らさない（これが冬）。

夏や冬には、何が起きる？　きみのおじいちゃんが「もうなくなってしまった」と言っている春と秋には？

そう、かんたんだね。気温が変わる。

温度計で観察したら（体温計じゃないぞ。空気の温度を測るやつだ）、気温が上がったり下がったりするのがわかるだろう。温度計が34℃を指していたら、かなりの暑さだ。−4℃なら、寒い。

「それはともかく、気候の話はどうなったの？」

「それに、白うさぎの話は？」

きみはうさぎくんよりもガマンが足りないな。でも、話は核心に近づいてきたぞ。

窓を開けたときに見える天気や、頭上に広がる天気は、いま、この瞬間の、家のまわりの大気の状態の表れだ。数値モデルと気象予報士の経験があれば、明日や明後日、しあさっての天気まで予測できる。海へ行こうと思っていたのに100％雪の予報、お父さんが車を洗いおえたばかりなのに雨の予報、なんてこともわかる。

大気を研究し、天気予報をするのは、気象予報士だ。ぼくらはその予報をテレビやアプリで見る。テレビだったら、お天気キャスターが、地図や矢印を使って解説してくれるだろう。明日のサッカーの試合中に90％の確率で集中豪雨になることも、満面の笑みで教えてくれる。

　それを聞いて、きみはどうする？

　もちろん、ますますはりきって試合に行くよね。だって、グラウンドがぬかるんでいたら、かっこよくスライディングが決まるから。そしたら、白うさぎは、泥うさぎになる。

「だから、気候の話はどうなったの？」

　ここからがようやく本題だ。気候というのは、ある地域の天気を長いあいだ毎日記録したデータの、平均から導きだされる特徴のことだ。長いあいだっていうのは……、うーん、少なくとも、30年くらいかな。

　たとえば、ドシャブリ村という場所があるとしよう。1年のうち260日が雨だ。つまりここは、雨の多い気候といえる。一方、マリ共和国のトンブクトゥ（これは実在する）では、1年に平均で24日しか雨が降らない。だから、乾燥した砂漠気候なんだ。

　ようするに、気候というのは、ある土地の、長期間を平均してみた天気や気温などの大気の状態

ドシャブリ村では
もう2日も雨が降らず、
不安の声が上がっています

を指す。この気候ってやつを知っているから、朝、窓を開けるまえに今日の天気が予想できるんだ。たとえば東京なら、夏は暑くて日中は30℃を軽く超える。ロシアには、ヤクーツクという世界でいちばん寒い町があるんだけど、ここだと冬の平均気温が－40℃。夏でも17℃から20℃くらい。（住民はかなり人なつっこい性格で、寒いダジャレをバンバン飛ばしてくるらしい。）

　おっと、いまの話を聞いて、白うさぎは逃げだしちゃったね。まあ、いずれこんな日がくると思っていたよ。

　というのも、あのうさぎは、もう白ではいられないかもしれないんだ。いま気候に起こりつつあること（たとえば地球の環境汚染なんか）を考えれば、ぼくらはじきに、あの子のことを「灰色うさぎ」って呼ばなきゃならなくなる。信じられない話だろう？

ロープを使って天気を読もう

きみも天気予報をしてみたい？　それなら、専用の道具が必要だ。プロが使う道具は高くて手が出ないけど、かんたんなものなら、ロープを使ってつくれるよ。精度はイマイチだけど、大爆笑まちがいなしだ。

変化なし	晴れ
ロープが濡れている	雨
ロープが硬い	氷
ロープが見えない	霧
ロープが揺れている	風
ロープがない	盗まれた！

1 気候って、なに？

太陽の偉大なパワー

こうしてぼくらがいろんな天気や気候、季節の話をできるのも、空に太陽があるからだ。

きみは小さいころ、太陽の絵を描くときに、まず丸を描いて、それからまわりに光の線をたくさん引かなかった？ 星を描くときには、ギザギザをたくさんつけて、輝きを表現したと思う。

でもじつは、このふたつは同じものなんだ。太陽というのは、地球にもっとも近い恒星（自分自身で輝く「星」）のこと。正確には、G型主系列星という。人間の年齢でいうと、ちょうど中年くらい。45億7千万年前から輝いていて、あと同じくらいの時間を過ごしてから死を迎える。

そうだよ。星も死ぬんだ。

太陽の光は、ある日突然、電球が切れるように消えるだろう。でも、心配しなくていい。それはまだまださき、50億年後くらいのことだから。

50億年後って、どのくらいかわかる？ 別の表現でいうと、地球が太陽のまわりを50億回まわったとき。地球が太陽のまわりを1周するのが、ぼくらにとっての1年だからね。

太陽というのは、巨大な原子炉で、つねに爆発しつづける光の球だ。太陽のなかではたえず核融合が起き、4個の水素原子核が1個のヘリウム原子核に変わっている。そして、この反応が起きるたびに、莫大なエネルギーが生まれている。それが宇宙を

数字の話

太陽の直径は、地球の約100倍。地球から1億4710万キロから1億5210万キロ離れたところで輝いているんだよ。

通過し、温かい光となって、きみの家の窓まで届く。

「そんなに温かくないけど」って、灰色うさぎ（そう、白から変わったね）なら言うだろう。でも、地球の表面を温めるにはじゅうぶんなんだ。この熱があるから、海や湖の水が蒸発し、雲ができる。雲ができるから、雨や風といった、ぼくらの星の気象が生まれる。

恵まれた星、地球

地球は恵まれた惑星だ。人間だけがそう感じているわけじゃない。動物のサイも、植物のマーガレットも、口がきけたら同意してくれるだろう。地球が恵まれているのは、**大気**があるから。わかりやすくいうと、空気があるからだ。

> **大気**
>
> 大気は地球をとりまく空気のこと。この大気の重さによって押される力を気圧という。標高が高くなるほど、気圧は低くなる。空気が少ないからだ。登山のおやつのポテトチップスの袋が山頂でふくらむのも、そのためだ。

大気は数種類のガスで構成されていて、これが毛布のように層をなして地球全体を包んでいる。きみが寒い日に、いつものふとんの上に、毛布や羽毛ぶとん、さらにはおばあちゃんのブランケットまで重ねたような状態だ。大気は層状に分かれていて、地表に近いほうから、対流圏、成層圏、中間圏、熱圏、外気圏と続き、外気圏の大気はその先の宇宙へと流出している。

　大気には、もちろん酸素もふくまれるけど、もっとも多いのは、窒素とよばれる不活性ガスだ。これが大気の約78％を構成する。不活性ガスというのは、きみの肺に入ったり、きみのまわりにあったりしてもなんの影響もない気体のこと。酸素は大気の21％を構成している。ということは、計算にまちがいがなければ、これで99％だね。あと１％はなんだろう？

　この１％に、それ以外のすべての気体がふくまれる。ネオン（暗闇に光るネオンサインにも入っている）や、ヘリウム、メタン、水素、二酸化炭素（これについては、６章でじっくり説明する）、そして、ごく低濃度で存在しているそのほかの気体もある。

　大気にはふたつの働きがある。

　なんといっても、ぼくたち生きものが呼吸をするときに必要だ。

　これは、きみもわかるよね。

　そのほかに、地球と太陽のあいだでフィルターの役目も果たしている。このフィルターがないと、人間は燃えてしまうんだ。太陽がもつ原子炉のエネルギーは、極寒の（極寒というからには、めちゃくちゃ寒い。なんと−270℃！）宇宙空間を通過しながら、ぶつかるものすべてを温める。

　惑星もそのひとつだ。水星。金星。そして、ぼくらの地球。

　灰色うさぎが、何か言ってるね。「それで、大気があるのとない

12

のとじゃ、何が違うの？　早く説明してよ」って？　ふむ、ニンジンを1本与えて落ち着かせよう。

　大気のない月では、太陽の光が当たる面の気温が127℃、陰になる面が－247℃になる。年間平均気温は－23℃。ヤクーツクの住民にとっては天国かもしれないけど、たいていの人にとっては、そんなことないだろう。

　一方、ぼくらの住んでいる地球には、温かい季節と寒い季節があり、過ごしにくい季節と過ごしやすい季節があるけれど、平均気温は15℃だ。なかなか悪くないだろう？

　つぎの章では、その過ごしやすい季節について考えてみよう。春と秋がなくなるまえに。

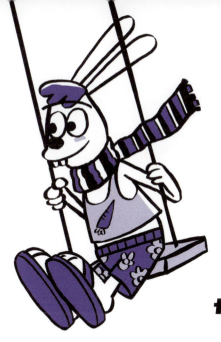

2 春と秋は なくなっちゃうの？

　最近、きみのおじいちゃんは、文句ばかり言ってない？「昨日は暑かったのに、今日は寒い。春と秋は、もうなくなってしまったのかねえ」。そう言って、毎日、散歩に出かけるまえに、何度もマフラーを巻いたりはずしたりしている。わかるよ、きみはおじいちゃんに心穏やかに日々を過ごしてほしいんだよね。よし、じゃあ、その疑問にお答えしよう。

　春と秋は、いまもあるのか。
　手短に答えるなら、「イエス」。もっときちんと答えるためには、くわしい説明が必要だ。
　まずは、かんたんな答えについて解説しよう。地球は太陽のまわりを回っている。宇宙を移動する巨大なコマのように、少しつぶれた円（楕円）を描きながら回ってるんだ。出発地点にもどってくるには、365日と数時間かかる（ほら、早くも灰色うさぎの抗議の声が聞こえてきたぞ。「数時間ってどのくらい？

15

正確に教えてよ」って)。

　地球が太陽からもっとも遠い地点に来たときが、北半球にいるぼくらにとっての夏だ(この地点を「遠日点」という)。地球が太陽に近づくと、冬になる(この地点は「近日点」)。その中間にあるふたつの地点が、春と秋。

　つまり、地球が太陽のまわりを回りつづけるかぎり(この運動を「公転」という)、春と秋がなくなることはない。

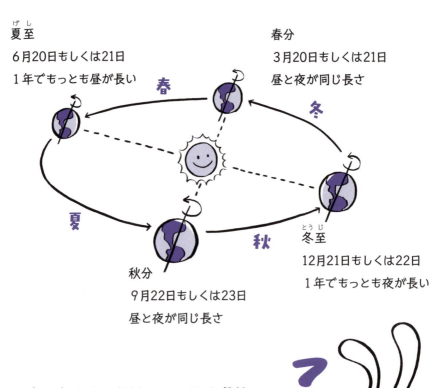

夏至
6月20日もしくは21日
1年でもっとも昼が長い

春分
3月20日もしくは21日
昼と夜が同じ長さ

秋分
9月22日もしくは23日
昼と夜が同じ長さ

冬至
12月21日もしくは22日
1年でもっとも夜が長い

　でも、きみはこう思っているはずだ。「どうして太陽からいちばん遠いときが夏なの？　逆なんじゃない？」
　うん、いいところに気づいたね。

じつは、地球は太陽のまわりを回っているだけじゃない。コマと同じように、ひとりで回転する「自転」という運動もしている。この自転があるから、地球には陰になる面と光の当たる面ができる。その結果、光の当たっているときが昼、当たっていないときが夜になる。

　この自転の中心となる軸は、公転軸に対して23度傾いている。回転しながら移動するようすなんて、想像するだけで頭が痛くなっちゃうよね。がんばれ。話はまだ終わりじゃない。

　地球は傾いているけれど、太陽の光はまっすぐに進む。だから、地球が公転の軌道のどこにあるかで、光の当たり方が変わってくるんだ。

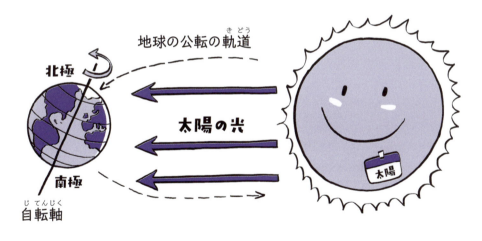

　地球が太陽からもっとも離れているとき、きみが住んでいる北半球は、太陽に向かって傾いていて、たくさんの光を（つまり、たくさんのエネルギーを）受けとる。気温が高くなり、昼が長くなり、北極は24時間明るくなる（でも、あまり暑くならない）。

地球が軌道の反対側にあるとき、北半球は太陽と逆側に傾くから、受けとる太陽光線、つまりエネルギーと光が少なくなる。昼が短くなり、マフラーが必要になるんだ。

　南半球に住んでいたら、これがすべて逆になる。だからオーストラリアでは、12月に海水浴をして、8月にセーターを着るんだよ。

　おや、灰色うさぎは北極の話を聞きのがさなかったみたいだね。「北極は、24時間、日が当たっても寒いの？」

　疑問に答えて、安心させてあげようか。

> **数字の話**
>
> 地球が太陽のまわりを1周するには、365日6時間9分10秒かかる（この時間を「恒星年」という）。つまり、ぼくらは4年ごとに、6時間×4年分の1日を暦に足す必要があるんだ。これが、うるう年の2月29日だよ。

気候帯

　スポンジケーキに生クリームをはさむときみたいに、地球を水平にスライスして5枚に切りわけるとしよう。すると、断面の大きさはバラバラになるはずだ。真ん中がいちばん大きくて、北極や南極に近づくにつれ、どんどん小さくなっていく。

　このスライスを「気候帯」という。地球の真ん中を横切る赤道は、

太陽が真上から照らす時間が多いから、ほかの場所とくらべて暑くなる（たとえば懐中電灯でも、ななめよりもまっすぐ光を当てたほうが、その場所が明るくなるよね）。この赤道付近の地帯が「熱帯」、その南北にあるふたつの帯が「温帯」、はしっこのふたつが「極地」だ。極地は、受けとる太陽の光が少ないから、寒くなる。ふたつの温帯には太陽の光が同じように当たるから、気候や生育する植物、生息する動物が似る（極地ふたつにも、これと同じことがあてはまる）。熱帯のサバンナのライオンや南極のペンギンを見たかったら、きみが居場所を変えなきゃならない（ついでにズボンの長さもね）。

　ここでようやく、「春と秋は、いまもあるのか」という質問に対する、ややこしいほうの答えを出すことができる。きみが温帯から赤道に向かって移動して緯度が変わると（北緯90度なら北極、45度なら北極と赤道の中間、0度なら赤道だ）、ある時点で春と秋がなくなり、乾季と雨季ができる。北極や南極へ移動すると、「極夜」とよばれる暗くて寒い6か月の冬と、「白夜」といって日差しがたっぷり届くけど、変わらず寒い6か月ができる。

　だから、きみのおじいちゃんの「春と秋はもうなくなってしまったのかねえ」という嘆きは、半分当たっている。おじいちゃんは、春と秋がある温帯の気候が、春と秋のない熱帯の気候に似てきたって言いたいんだよ。いま、灰色うさぎがそっとささやいたように、これはよい兆候とはいえない。

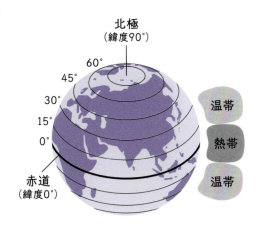

2　春と秋はなくなっちゃうの？　　19

ケッペンの気候区分

1884年、ドイツの気象学者、ウラジミール・ケッペンは、アルファベットをもちいた気候区分を考案した。大文字のAからEを使い、気候を大きく5つに分けたんだ。

熱帯（A）

1年をとおして気温が高く、地域によっては、雨の多い季節（雨季）と少ない季節（乾季）がある。

乾燥帯（B）

1年をとおしてひじょうに乾燥しており、ほとんど雨が降らず、湿度が低い。

温帯（C）

四季があり、夏は暑く、冬は冷帯や寒帯よりも温暖。じゅうぶんに雨や雪が降る。

冷帯（亜寒帯）(D)
四季があり、夏はあまり暑くなく、冬はかなり寒い。雨や雪は、温帯とくらべて少ない。

寒帯 (E)
厳しい気候。夏はひんやりとしてすずしく、冬は極寒。

のちに、ほかの区分が加えられ、より細かい特徴が表せるようになった。たとえば、こんなものがある。

BS：ステップ気候　　BW：砂漠気候　　G：山地気候
H：高山気候（標高3000メートル以上）　　EF：氷雪気候

ほかにもまだまだたくさんあるよ。きみも調べて、自分の地域の気候を表すアルファベットを探してみよう。

大気はめぐる

　さっきは地球をいくつかの気候に分けたけど、大気はひとつの気候帯にとどまっているわけじゃなく、たえず動いている。地球の自転によってもかき回されるし、気温や気圧の変化によっても移動する。

　たとえば、赤道付近の暖かく湿った空気は、上空15キロ付近まで上昇して雨雲をつくる。そして上空の風によって南北の温帯に押しながされ、そこで乾燥し、冷却され、ふたたび下へ降りてくる。その空気が赤道付近へともどって、大気は一巡。ふたたび上昇に備えることになる。

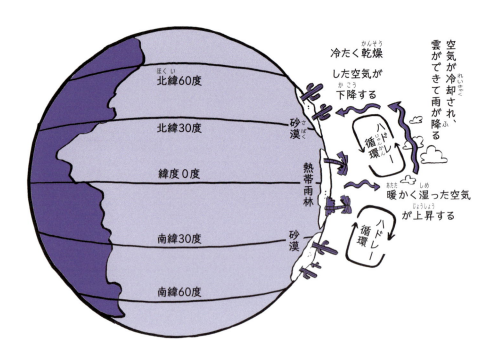

この大気の循環は、たえず暖かく湿った空気を送りこむポンプのようなものだ。18世紀初頭に仮説を立てた気象学者から名前をとって、「ハドレー循環」とよばれている（ハドレー博士は天才少年で、同じくマッドな発明家のお兄さんといつも競いあっていた）。このしくみを理解すれば、どうして赤道付近にジメジメとした熱帯雨林が多いのか、なぜ熱帯雨林からそんなに離れていない場所に広大な乾燥した砂漠が広がっているのかが、わかるようになる。

そしてこの話が、つぎの疑問へとつながっていく。

日本の気候帯は？

日本は四季の変化がはっきりとした温帯に位置する。春には生きものが目を覚まし、植物が花を咲かせる（だから花粉が飛ぶ）。夏になると、山は緑が色濃くなり、人びとは暑い夏を楽しむ（もちろん海水浴もする）。

秋になると葉っぱが落ち（きみはハロウィンの仮装をして）、冬の訪れとともに、自然は眠る（運がよければ、大雪で英語のテストが中止になる）。

LET IT
SNOW

2 春と秋はなくなっちゃうの？ 23

3 気候は、昔から変わっていないの?

　天気はコロコロ変わる。朝、学校へ行こうと家を出たときには寒かった。それなのに、午前10時を過ぎると、もう暑い。11時になったら雨が降りだして、午後１時に外に出たらやんでいた……。こんなに変わりやすい世界を生きぬくには、「玉ネギ作戦」しかない。服の重ね着で対応だ。

　天気は、ほんの数キロ移動するだけでも変わる。きみの家からおじいちゃんの山小屋をめざして登山することになったら、天気は大きく変わるし、もっと不安定になるだろう。

　一方、気候は、少なくとも30年分のデータを計測したものだから、天気よりもずっと安定している。だからぼくらは、秋にはどのくらい雨が降るのか、冬には雪が降るかどうかを予想し、それをふまえて行動することができるんだ。

でも、この予想も、かならず当たるとはかぎらない。気候だって、変わるんだ。

　地球の歴史上、気候は何度も変化している。そして――これはあまりいい知らせじゃないけれど――、いまも変化しつつある。

『アイス・エイジ』の世界が現実に

　アニメ映画『アイス・エイジ』は、11万年前～1万年前に発生した最後の氷期、ウルム氷期を舞台にしている。もちろん、氷期はそのまえにもたくさんあったし、なかには映画よりずっとおそろしいものもあった。

　そもそも、氷期って、なんだと思う？　「氷期」っていうくらいだから、氷が関係していることはわかるよね。氷期になると、ふだんは高い山の上にある氷が、平野まで下りてくる。これを「氷河」というよ。氷がゆっくり時間をかけて川のように動くから、こんな名前がついているんだ。氷河はときに海全体を凍らせる。いちばん強力な氷期には、地球がほとんど氷でおおわれて「スノーボール」になった。

　え？　急に悪寒がして、体が震えてきた？　きみって影響されやすいんだね。でもたしかに、氷期は映画のなかだけの話じゃない。

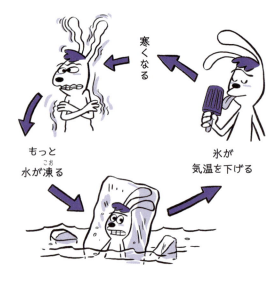

どうやって氷期に入るのかって？　灰色うさぎが説明してくれたから見てみよう。これは、左ページの絵みたいに、いちどはじまると、どんどん進んでいくものなんだ。

地球が氷期に入る原因

さまざまな氷河時代

27億～21億年前

地球最古のポンゴラ氷河時代と、そのつぎに古いヒューロニアン氷河時代。

4億6000万～4億3000万年前

アンデス＝サハラ氷河時代。小規模な氷河時代で、アラビア半島、サハラ砂漠、西アフリカ、アマゾン南部とアンデス地方に痕跡が残っている。

8億～6億年前

クライオジュニアン氷河時代（クライオジュニアンは「氷の時代」という意味）。まえの氷河時代よりかなり寒冷化し、地球は巨大な「スノーボール」になった。

大陸に氷河が発達した時代を「氷河時代」という。氷河時代は、ずっと寒かったわけじゃない。寒冷で氷河が拡大する「氷期」と、比較的温暖な「間氷期」がくり返されたんだ。

地球の体温を測るには

　さっきのページで寒気がしたってことは、熱があるんじゃないかな。ためしに測ってみよう。体温計をわきの下か、耳に入れてごらん。どう？　熱はない？　それはよかった。やっぱり話に影響されたみたいだね。心配性の灰色うさぎといっしょにいたら、そうなるのも無理ないか。

　気候学者たちは、現在の地球の温度だけでなく、何百万年もまえ

28

3億5000万〜2億6000万年前

カルー氷河時代。きっかけは、火災の煙や火山の噴火だった。
このころは、その名もずばり石炭紀。

3400万〜260万年前

ひじょうに気温の高い時期が続いたあと、ふたたび何度か寒冷化したが、いずれも長くは続かず、あいだで気候の温暖な時期が訪れた。

260万〜1万年前

第四紀（更新世）氷河時代。ひき続き、短い氷期と間氷期が交互に訪れた。人類の祖先は、数千年続いた氷期を利用してユーラシア大陸からアメリカ大陸へ移動した。氷期には、のちにその存在を発見した学者の名前がついている。ギュンツ氷期、ミンデル氷期、リス氷期、そして最後がウルム氷期。『アイス・エイジ』のマニーやシドとゆかいな仲間たちが活躍した時代だ。

の温度を測る方法も編みだした。

　灰色うさぎの耳を見てみなよ。ぼくらの話に興味があるようだ。きみも気になるみたいだね。「いったい、どうするんだろう？」って、顔に書いてある。

　氷や木を使うんだよ。

3　気候は、昔から変わっていないの？　　29

氷で測るしくみはこうだ。まず、冷凍庫を開けて氷のキューブを取りだす（なければ、自分でつくる）。氷のなかに気泡が見えるだろう。これは、水のなかに閉じこめられた空気なんだ。たとえば、冷凍庫にセットしたのが1週間前なら、気泡の空気は、いま吸っている空気より1週間古いってわけ。

　だから、専用の機械を使って調べれば、その日きみの家にあったほこりの量や、空気の汚れぐあいがわかる。お父さんがパスタに入れた唐辛子の痕跡も検出されるかもしれない。あの日、パスタはからくなりすぎて、結局、お父さんしかぜんぶは食べられなかった。そういえば、灰色うさぎも「ほんとうはニンジンがよかったのに」って言いながら食べてあげてたっけ。

　科学者たちはというと、南極まで行き、氷を深く掘って、古い氷を切りだして、何百万年もまえに閉じこめられた空気の成分を分析した。映画『ジュラシック・パーク』のマッドサイエンティストが、琥珀のなかに閉じこめられた蚊の血液でおこなった実験に似ているね。こうして人類は、当時の風に舞っていた花粉や、そのころ生えていた植物の種類、気体の種類や地球の気温を突きとめた。

　氷ではなく、木を使って気温を調べるときには、年輪を分析する。年輪は、色が薄い部分と濃い部分で1セットになっていて、これが1年に1すじずつ増えていって、年輪が形成される。このすじの幅が広いかせまいかで、成長していったときの気温や湿度がわかるんだ。

　だから、すごく古い木で調べると、何万年もまえの気温を知ることができる。木の化石からも調べることができるんだぞ。

　でも、ほんとうのことを言うと、ぼくらがいま気になるのは、これまでの数万年の気温じゃなく、これからの数万年の気温だ。

30

そこで、つぎの疑問(ぎもん)に進むとしよう。

> ぼくらが気になるのは、
> 過去(かこ)の数万年の気温じゃなく、
> これからの数万年の気温だ

エピカ・プロジェクト

太古の氷を切りだすために「ニンジン掘(ほ)り」が欠かせないって言われたら、灰色(はいいろ)うさぎは大喜(おおよろこ)びするだろう。EPICA(エピカ)(欧州南極氷床コアプロジェクト(おうしゅうなんきょくひょうしょう))もその「ニンジン掘り」ひとつだ。研究者たちは氷を垂直(すいちょく)に堀り、ものすごく長い巨大(きょだい)ニンジンみたいな円柱を2本抜(ぬ)きだした(長いほうは、なんと3.2キロもあった)。

氷の場合も、年輪と同じように1年ごとに層(そう)ができる。だから、上の氷は下の氷よりも若(わか)い。この「ニンジン掘り」のおかげで、人間は82万年前の気候を正確(せいかく)に再現(さいげん)することに成功した。つぎのプロジェクトBEYOND EPICA(ビヨンドエピカ)(ゲームに出てきそうな名前だね)では、150万年前までさかのぼることを目標としている。

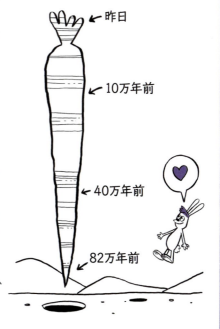

← 昨日
← 10万年前
← 40万年前
← 82万年前

3 気候は、昔から変わっていないの？ 31

4 なぜ「水球」じゃなくて「地球」なの？

　まったく、正確さっていうのは、追求しだすとキリがないな。でも、いい質問だ。水に覆われているのに、どうして「水球」じゃなく「地球」っていうんだろう。

　地球儀があるなら、持っておいで。なければ、グーグルアースを開いて、起動してみよう。

　いま見えるのが、地球。きみやぼくら、みんなが住む星だ。

　地球は青い。これは大部分が海に覆われているからだ。この海から、40億年前に地球上はじめての生命が誕生した。

　世界に大きな海が5つあることは、学校で習ったね。そのうち3つの名前は、ヨーロッパの人間が考えた。アフリカの西にあるのが、大西洋。インドの南に広がるのが、インド洋。アジアや南北アメリ

カ、オーストラリアに囲まれたのが、太平洋（「太平」というわりに、激しい戦いの舞台となった）。

　太平洋という名前を考えたのは、ポルトガル人のフェルディナンド・マゼランだ。波乱万丈の航海を経て、南アメリカの南の海峡から大海に出ると、おだやかな海が広がっていたから、こんな名前をつけたらしい。マゼランはほかにも多くの地名を考えた。山が見えたら「山が見えた」（ウルグアイの首都）、たき火が見えたら「火の土地」（南米のフエゴ諸島）、十字架のように並んだ星が見えたら「南十字星」。はじめて世界周航に挑戦し、達成目前で無念の死を遂げた男は、なかなか素直な人物だったんだね（ちなみにこの話は、気候とは関係ない）。

　だけど、驚かずに聞いてほしい。海というのは、じつはひとつなんだ。さっきのマゼランが通ったマゼラン海峡や、スペインとモロッコのあいだにあるジブラルタル海峡のように、大量の海水をせき止める「せまい海」はあるけど、堤防や柵があるわけじゃない。ぜんぶ、つながっている。

　だから地球は、きみが言うように「水球」とか、よく言うように「青い星」ってよぶほうが正しい気もする。でも、ここでひとつ考えてみてほしい。

　魚はいちども文明を築いたことがない。海の神・ポセイドンの末裔が支配したとされる伝説の帝国、アトランティスは、ひょっとしたら実在したかもしれないけど、かわいそうに、海の底に沈んでしまった。

　だから、いまの世界の文明を築い

数字の話

海は、地球の表面の70％を覆っていて、地球上の水の97％が集まっている。

34

た人類が生きる場所、つまり陸地が、この星の名前になっているんだ。そう、「地球」だね。

海の水はどこへ行く？

　海は、巨大な水の塊だ。ずっと揺れうごいていて、かたときもじっとしていない。
　海の動きを生みだすものに、波がある。波はおもに、海の上を吹く風によって起こる。風の強さと向きしだいでは大波になるから、浅瀬で波にのまれたら、たいへんなことになってしまう。

海のはじまり

生まれたばかりの地球には海がなかった。ところが、40億年前、火山が噴火したことで、それまで地中に眠っていた大量の水蒸気が大気中に放出された。その後、地球が冷えて空気中の水蒸気が雨となって地表に降りそそぎ、海ができた。この太古の雨で岩石にふくまれる塩類が溶けだしたから、海はしょっぱくなったんだ。

海は地球の自転にも影響を受ける。地球が回ることで、強い海流が生じるんだ。月の影響も大きくて、月の引力が水を引っぱりあげる

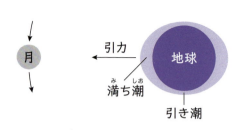

ことで、潮の満ち引きが生じている。月の引力が強いところと、弱いところでは海水が盛りあがって満ち潮に、その中間では海水が減るので引き潮になる。

　そして太陽も、海に影響を与えている。場所や季節によって程度は異なるけれど、光で海水を温めているんだ。赤道の近くの海が暖かく、北極や南極の海が冷たいのも、太陽が海に影響を与えている証拠だよ。それだけじゃない。海の深いところは太陽の光が届かないから水温が低く、水面に近いところは高い。こうした水温の違いから、海の水は、エレベーターみたいに、上から下にも、下から上にも動いているんだ。

　どんどん海水が凍る北極では、この海のエレベーターが大活躍している。凍らずに残った塩が混ざって塩分濃度の高くなった（つまり重くなった）冷たい海水が大量に沈みこむ。これが南に向かって移動し、遠く離れた場所で温められて、ゆっくりと上昇する。

　この海水の循環を、グローバル・コンベヤーベルトという。温度や塩分濃度の異なる

大きな海流が、地球のある地点から別の地点へと動き、ひとつのネットワークをかたちづくっているんだ。

海流のなかには、文明に発展をもたらしたものもある。イギリスも、そんな文明のひとつだ。中央アメリカからやってきて、やさしく海岸をなでる暖かいメキシコ湾流がなければ、イギリスらしさみたいなものは生まれなかっただろう。この海流は、暖かい空気だけでなく、1年中過ごしやすい気候をイギリスにもたらした。そこで落ち着きのあるイギリス気質が育まれたってわけ（ただし、いつも傘を持ちあるかなくてはならないという条件つきだったけどね）。

海流

海には無数の海流が存在している。とくに大きな海流は、何百年、何千年という時間をかけ、地球の自転や、自転で生じた風が生みだしたものだ（ペットボトルに入れた水を激しく回転させると、自転が生みだす海流の実験ができるぞ）。

ほかにも、性質の違う水がぶつかり、混ざらないことで生じる流れもある（たとえば、アマゾン川の河口では、海水が真水を押しかえすため、川の水が逆流する）。漁師や船乗りにとっては、気候だけでなく、海流を読むことも大切なんだ。

ようするに、海は、大気の液体版のような存在なんだ。満ちたり引いたり、温まったり冷たくなったり、大波をつくりだしたりと、たえず動きつづけ、かたときもじっとしていない。

　そして、海は、気候を構成する大切な要素でもある。

　冬に海や湖に行ったことはある？　暖かくて過ごしやすかったたどろう？　どうしてかな。

海は天然のエアコン

　夏休みの朝。ひどい暑さや、口うるさいお姉ちゃん、うっとうしい灰色うさぎや、ぱっとしないサッカーニュースにガマンできなくなったなら、海に飛びこむのがいちばんだ。焼けるように熱い砂浜を駆けぬけ、海に向かってジャーンプ！

すると、水は驚くほど冷たい。温度の変化に敏感だったら、命にかかわる。きみという聞き手を失ってしまえば、この話もおしまいだ。

元気なままなら、冷たくて最高にスッキリ。気温が高く、暑い夏の朝でも海の水が冷たいのは、海が温まるのにも、冷めるのにも、時間がかかるからだ。

同じ日の夕方、ビーチの日が沈みかけ、すずしくなったころに最後のひと泳ぎをすると、海水は朝よりも温かくて心地いいはずだ。

こんなふうに、海は温度が変化しにくいから、暑いときには冷たさの、寒いときには温かさの供給源となる。

これは、湖も同じ。イタリアにある、水深の深いガルダ湖やマッジョーレ湖（どちらも1万5000から3万年前にできた）は、夏にためこんだ熱をサーモスの魔法瓶のように保存し、冬がきてから放出する。だから、イタリア北部の湖水地方は、夏はすずしく、冬は暖かいんだ。

ガルダ湖周辺でオリーブやレモンが栽培されるのは、これが理由だ。湖から数十キロ離れたところでは、こうした植物は冬の寒さで枯れて、育たない。

もちろん、きみが天気を操る魔法使いだったら、話は別だよ。もしそうなら、つぎの疑問は飛ばして、さきに進んでもかまわない。

海のなかにも森がある

生きものの呼吸に必要な酸素をつくりだす「地球の肺」は、熱帯雨林だけじゃない。地球にはもうひとつ超強力な肺がある。海藻でできた海中の森だ。ぼくらが吸う酸素の半分は、海藻が生みだしているんだよ。

5

どうすれば、天気の予言者になれる?

 できれば、未来の予言はしないほうがいい。
「こんどの理科のテストは満点だ!」
「優勝(ゆうしょう)は、うちのチームがいただいた!」
「学級委員の選挙であいつに投票するヤツなんて、いないさ!」
 ところがどっこい。自信満々に予言をしても、真逆(まぎゃく)の結果になるかもしれない。
 予言は非科学的(ひかがくてき)だ。それなのに、ぼくらはなぜか引かれてしまう。じっさいに、人間はいつの時代も未来を知ろうとしてきた。聖職者(せいしょくしゃ)に頼(たよ)ることもあったし、古代ローマには、いけにえの内臓(ないぞう)や鳥の飛び方で未来を占(うらな)う人もいた。霊媒師(れいばいし)(目をつぶって霊(れい)と会話するだけ)

や、ギャンブル専門の占い師もいた。こういう人の話は、あまり真剣に聞かなくてだいじょうぶ。

一方、天気の研究は、未来を知るための科学に限りなく近づいた。少なくとも2、3日さきのものなら予測ができる。ただし、きみの遠足の日は、話が別だよ。どんな予報が出ても、かならず雨に決まってる（冗談さ！）。

気象の研究をする人を「気象学者」という。気象予報士もこの仲間だ。気候を研究する人は、「気候学者」という。気象学者と気候学者には、大きな違いがある。

気象学者は、天気を予測するのが仕事だ。そのため、かれらは世界各地の気象観測所からデータを集める。気象観測所には、気温や雨、風などのデータをたえず分析する気象台や自動観測装置があり（スプーンがついた風見鶏みたいなやつを見たことない？　あれは風の強さや向きを測ってるんだよ）、さらには、雲の位置や動きを観測する気象レーダーや気象衛星が使われている。気象学者は、こうしたと

数字の話

世界でいちばん高い場所にある気象観測所は、エベレストの標高8000メートル地点にあるサウスコル。世界でいちばん寒いのは、南極にあるロシアのボストーク基地だ（なんと－89.2℃を記録したこともあるんだって）。日本でいちばん標高の高い気象観測所は、富士山の山頂にある。2004年までは有人観測だったけど、いまは無人観測だ。滋賀県の伊吹山観測所では、世界一の積雪量、11.82メートルを記録したこともある。さらに、海に囲まれた日本では、観測船や漂流ブイなどで海上の気象も観測しているよ。

ころから集めたデータを高性能のコンピュータで解析し、精巧な数値モデルを組み立てることで、数日後の天気を予報しているんだ。

　いまの天気予報は、明日や明後日の天気なら、かなり正確に当てられる。3、4日さきの予報もじゅうぶんに信頼できる。

　気象観測に使われる道具には、つぎのようなものがある。

温度計　　気圧計　　湿度計
風速計　　風向計　　雨量計
日射計

　ほんの数世紀前までは、天気を予測できるなんて、だれも思っていなかった。天気予報の先駆者たちが予報を信じてもらうために重ねた苦労は、『イントゥ・ザ・スカイ　気球で未来を変えたふたり』として映画にもなっている。いまでは、サーファー向けの波の予報や、登山者向けの山の予報、桜の開花予想など、レジャーや観光のための天気予報もあるんだよ。

5　どうすれば、天気の予言者になれる？　43

明日の天気がわかると、いろいろな場面で役に立つ。戦いで大砲を撃つタイミングを計ることもできるし（ナポレオンがワーテルローの戦いで負けたのは、ぬかるみで砲弾が爆発しなかったからだといわれている）、畑に水やりするかを決めたり、霜の予報を聞いて花の苗を屋内に入れたりもできる。雷が鳴りそうだから自転車で出かけるのはやめとこう、って判断することもできる。

　それと同じくらい、気候を知ることも大切だ。気候がわかれば、夏の雨量を予測したり、市場で売る野菜を計画的に育てたり、その土地に適した家を建てたり（トンガリ屋根にすれば雪でつぶれないし、平らな屋根にすれば夏に屋上テラスでくつろげる）、釣りに出るときに海の荒れない時期を選んだりできる。もちろん、楽しい旅になるよう、遠足や夏休みの日程を調整することもできる。

　そのために必要になるのが、天気にかかわるもうひとつの仕事だ。

宇宙からぼくらを見てる

　気象学者や気候学者にとって大事な装置のひとつが、地球を外から、すなわち上空から見ることができる人工衛星だ。

　はじめて人工衛星を思いついたのは、アーサー・C・クラークというSF作家（小説『2001年宇宙の旅』の作者だよ）。イギリス空軍でレーダー技師として働いているときに、アイデアがわいてきたそうだ。上空3万6000キロの軌道に、動く人工物を打ち上げるアイデアを論文にして、1945年に発表した。

　12年後、ロシアの科学者たちがそれを打ち上げた。スプートニク1号というこの人工衛星は、92日間軌道に乗った。いまでは、何千もの人工衛星が宇宙に浮かんでいる。

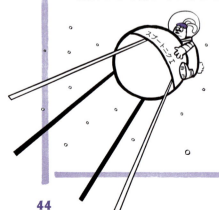

天気予報道具の発明史

1441年
雨量計
李氏朝鮮の第5代国王・文宗が、王子のときに発明した。雨や雪の量を測ることができる。

1450年
風速計
イタリアのレオン・バッティスタ・アルベルティが発明した。風の強さや向きを測ることができる。

1480年
湿度計
レオナルド・ダ・ヴィンチが発明。空気中にふくまれる水蒸気の割合（相対湿度）を測ることができる。

1607年
温度計
ガリレオ・ガリレイが発明。気温を測ることができる。

1644年
気圧計
イタリアのエヴァンジェリスタ・トリチェリが発明。気圧を測ることができる。

5 どうすれば、天気の予言者になれる？ 45

気候学者

　気候学者には、さまざまな分野にアンテナを張り、そこから得た知識を結びつける力が求められる。なぜなら、気候はありとあらゆる生物に（さらに生物以外にも）かかわる問題だからだ。そのため、気候学者は植物や動物といった生態学の専門家でもあるし、地質学や遺伝学、生物学、地理学の勉強もする。もちろん、物理や数学、工学の知識も欠かせない。

　そんなふうに言われると、「ナンデモ学者」って感じがして、きみは好きになれないかもしれないね。教室の前の席に座って先生の質問にぜんぶ答える優等生のあいつみたいだから。じっさいには、たくさんの人が力をあわせて研究を進めるんだけど、いずれにせよ、気候学者はいまもっとも重要な職業だと考えられている。

　気候学者たちは、一見なんの関連もなさそうな情報を読み解き、それらを結びつけてモデルをつくる。モデルというのは、

気象観測所

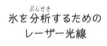
氷を分析するための
レーザー光線

> 気候学者たちは、一見なんの関連もなさそうな情報を読み解き、それらを結びつけてモデルをつくる

人工衛星

「これが起きたら、つぎはこうなる」という法則の集まりだ。気候学者にとっては、集まるデータの量が多いほど関係が読み解きやすくなり、より正確で根拠のあるモデルが得られるようになる。

モデルをつくるのはなんのためかって？ 特定の地域に変化が起きたときに、気候がどう変わるかを予測するためさ。まわりの地域にどんな影響が出るかを考えるためでもある。これまでに説明してきたとおり、気候は大気や海の影響を受け、たえず変化しているからね。

こうして未来が予測できると、ぼくらはいまとは違う決断ができる。政治や社会、企業や国や国際社会も、20年後、100年後、1000年後の地球の気候を、よりよい方向に導くための決断を下すことができる。

司令塔の気候学者

森林を調査するためのスーパードローン

気候学者の助手

動物を観察するカメラ

渡り鳥を観察するためのGPS

注：チョウを観察すると、自然環境がどのくらい汚染されているかがわかる

5 どうすれば、天気の予言者になれる？　47

気候学者の仕事に注目が集まるのは、ビーチで日光浴ができなくなりそうだとか、雪山でスキーができなくなりそうだとか、そんな理由からばかりじゃない。
　ぐずぐずしていると「手遅れ」になる可能性が高いからだ。手遅れになれば、地球の気候は完全に制御不可能になってしまう。そうだよね、灰色うさぎくん。

世界中の科学者たちよ、いまこそ力をあわせよう！

　環境はすべてにかかわる問題だから、研究するのも、わかりやすく説明するのも、すごく難しい。しかも、つぎつぎと生まれる新しいデータやアイデアのうち、今後、どれが重要になってくるかもわからない。だから環境問題を扱う科学者たちは、力をあわせて研究に取り組むことにした。気候学者どうしで協力したり、エンジニア

や生物学者、地質学者や物理学者といったほかの分野の研究者とも、協力するようになったんだ。

　人類がほんとうに力をあわせて環境問題に取り組みはじめたのは、1980年代以降、地球の未来に深刻な警鐘が鳴らされるようになってからだ。1988年には、国連がIPCC（気候変動に関する政府間パネル）を設立した。これは気候についての国際的な研究組織で、いまでは195の国と地域が参加している。

　IPCCでは、大勢の科学者が、気候変動に関する研究結果をものすごく真剣に検証している。なぜかというと、調査によって、地球の環境が変化していること、それも、かつてないスピードで変化していることがわかったからだ。しかも、変化を加速させていたのは、ぼくら人間のさまざまな活動だった。

　IPCCの報告書は公開されているから、だれでも読める。もちろん、きみも。5年ごとに新しい報告書が作成されて、インターネットで公開される。気になったら、報告書のまとめをインターネットで探してごらん。ほんものは数字やグラフ、統計だらけの専門的な報告書だけど、まとめたページはそれよりずっと読みやすい。

　気候変動は、人類の最重要課題だ。つぎの疑問では、二酸化炭素と温室効果ガスについて考えていこう。

5　どうすれば、天気の予言者になれる？　49

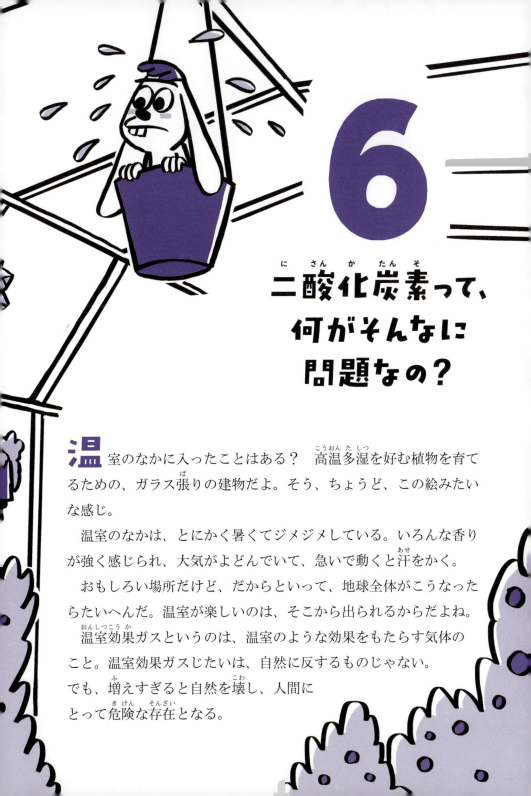

6

二酸化炭素って、何がそんなに問題なの？

　温室のなかに入ったことはある？　高温多湿を好む植物を育てるための、ガラス張りの建物だよ。そう、ちょうど、この絵みたいな感じ。

　温室のなかは、とにかく暑くてジメジメしている。いろんな香りが強く感じられ、大気がよどんでいて、急いで動くと汗をかく。

　おもしろい場所だけど、だからといって、地球全体がこうなったらたいへんだ。温室が楽しいのは、そこから出られるからだよね。

　温室効果ガスというのは、温室のような効果をもたらす気体のこと。温室効果ガスじたいは、自然に反するものじゃない。でも、増えすぎると自然を壊し、人間にとって危険な存在となる。

いまとくに問題視されているのが、二酸化炭素、すなわちCO2だ。

　二酸化炭素というのは、化学のことばで説明すると、1個の炭素原子と2個の酸素原子で構成された1個の分子のこと。

　二酸化炭素は、ぼくらをとりかこむ空気にふくまれていて、これじたいは、いいものでも、悪いものでもない。きみ（正確にいうと、きみの肺）も呼吸するたびに吐きだしている。動物はみんなそうだよ。キリンもそう。灰色うさぎもそう。

　吐きだした二酸化炭素は、植物が吸収してくれる。植物にとっては、成長に欠かせない成分なんだ。灰色うさぎにとってのニンジンみたいに。

　ぼくらも二酸化炭素を利用して、水やジュースをシュワシュワにしたり、穴の開いたチーズをつくったり、パンを発酵させたりしている。二酸化炭素は、ぼくらの生活に欠かせないガスでもあるんだね。

　でも、二酸化炭素が増え、植物が減りつづけると、そのバランス

がくずれてしまう（森林破壊の話は、聞いたことあるよね）。

いまはまちがいなく、二酸化炭素が多すぎる。工場の煙突からも、車の排気管からも、タバコや、世界中の家庭のコンロ、地球のあちこちで起きる火災からも発生している。きみの目に映るすべての煙から、二酸化炭素が出ているといっても過言ではない。

量が適切なら、大気中の二酸化炭素には、宇宙の寒さから地球を守り、温かく保つ効果もある。でも、暑すぎるのは、よくない。

身近な大人を巻きこもう

ここでひとつ、きみにミッションを授けよう。だれだって知り合いにひとりくらいはタバコを吸う人がいるはずだ。それも、紙で巻いてあってライターやマッチで火をつけて吸うタバコさ。なかにはタバコを吸う姿がかっこいい大人もいるかもしれない。でもじつは、タバコを1本吸うと、二酸化炭素が14グラム空気中に放出されるんだ。1日1箱（20本）吸えば、10年間で1トン。そのぶんの二酸化炭素を取り消そうと思ったら、その人は、禁煙後に100本以上の木を植え、最低2年間は世話をしなくちゃならない。

タバコに抗議するいい方法を教えてあげよう。どうするのかって？これからは、その人がタバコを吸いはじめたら、口を利かないんだ。たとえ親戚のおじさんでも、禁煙するまでしゃべっちゃダメだ。おじさんは「どうしたの？」って聞いてくるはずだね。そしたら、このページを見せてやろう。もちろん、おじさんの体を気づかうひと言も忘れずに！

6 二酸化炭素って、何がそんなに問題なの？ 53

温室効果ガスの役割

　この本のはじめで、空気の成分について話したよね。覚えてる？灰色うさぎは覚えてるって。窒素が78％、酸素が21％、そのほかの気体が1％で、そこにメタンや二酸化炭素がふくまれている。これはじつは、空気がカラカラに乾いていると想定した、理論上の成分なんだ。じっさいには海や湖から蒸発する湿気があるから、水蒸気のことも考えなくちゃならない。

　メタン、二酸化炭素、水蒸気。この3つがおもな温室効果ガスだ。どれも生きものにとって必要なものなんだよ。この3つの気体があるから、ぼくらは太陽から届いた熱の一部を地球にとどめておくことができるんだ。

　温室効果ガスの働きを図にすると、こうなる。

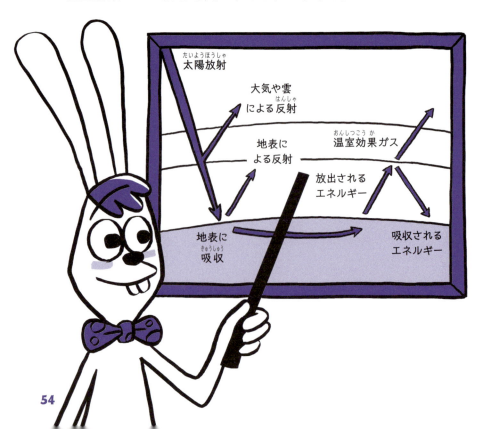

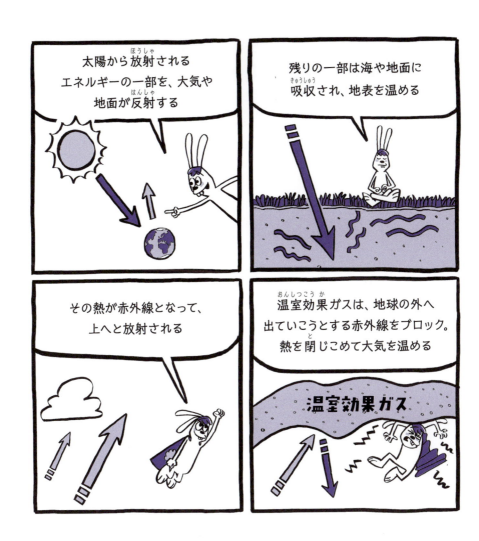

　つまり、温室効果ガスや温室効果は、必要なものなんだ。これがあるから、ぼくらの地球は暖かい。宇宙の寒さからぼくらを守り、地球で生じた熱の分散を防ぐ、毛布のような働きをしてるってわけ。

温室効果ガスがためこむ熱の量は、この数世紀で何度か変化した。原因には、地表に届く太陽光の量の変化がある（これは、火山の噴火や隕石の衝突、太陽の放射エネルギー量の増減や、そのほかの天文学的現象によって変わる）。また、大気にふくまれる温室効果ガスの濃度の変化もある。

なんだか複雑そうだけど、基本的なしくみはかんたんだ。空気中に温室効果ガスが多ければ、地表は温度が上がる。少なければ、下がる。

空気中に温室効果ガスが多ければ、地球の温度は上がる。少なければ、下がる

これまでの80万年は、気温の変化がひじょうにゆっくりで、その原因はいつも自然現象だった。そのため、気候の変化もゆっくりだった。それなのに、この200年の変化ときたら、まるでだれかがハイパワーのターボエンジンをとりつけたかのようだ。

空気にふくまれる二酸化炭素の割合は、産業革命前の280ppmから415ppm以上になった（1ppmというのは、0.0001％のことだよ）。そしていまも増えつづけている。二酸化炭素の濃度はほぼ2倍になり、それを風が地球中にまき散らした。これを木が吸収するまでには、200年かかるといわれている。

ここまでの話を聞いただけでも、きみは「マズいんじゃない？」って思うだろう。でもじつを言うと、いま増えすぎているガスのなかでもっとも有害なのは、二酸化炭素じゃないんだ。なんと、メタンは二酸化炭素の30倍以上、フロンは数千倍の赤外線を吸収する

56

（温室効果と赤外線の関係については、55ページのマンガで説明したね）。

　フロンは、別名クロロフルオロカーボンともいう。名前から想像すると、金髪をなびかせて北欧の海を荒らしまわるバイキングみたいだよね。フレオンという呼び方もあって、こちらは化学メーカーのデュポン社によって1930年代から使われている登録商標だ。フロンを発見したのはトマス・ミジリー。この発見は画期的だった。だって、このフロンガスのおかげで、冷蔵庫というスバラシイ発明品が誕生したんだから。

　でも、いまではそのフロンが生みだした「オゾンホール」が問題になっているって、きみも聞いたことがあるんじゃないかな。

　オゾンは、大気の表面、上空25キロ付近に存在するガスで、ぼくら人類にとって重要な役割を果たしている。太陽が放射する紫外線（ぼくらの日焼けの原因になるものだ）を吸収し、それが大量に降りそそぐのを防いでいるんだ。ふるいのような働きをしているわけだね。たとえるなら、ガス状の日焼け止めクリームといったところ。

　このオゾンのふるい、「オゾン層」を壊すのが、冷蔵庫やエアコンに使われているフロンガスだ。

　1980年代になると、とくに北極や南極で、オゾン層が薄くなってきていることがわ

6　二酸化炭素って、何がそんなに問題なの？　　57

かった。そして、このままフロンガスを使いつづけたら、そのうちオゾン層が消滅して、ぼくらはある日突然、大気の屋根のないところに放りだされてしまうことが判明した。

そうなったら、太陽からの紫外線をまるごと浴びることになる。想像できる？　これはたいへんなことなんだ。

そこで、人類はフロンガスの使用を禁止し、もっと害の少ないガスを使うことにした。

だからいまのところは、オゾンの増加も、オゾン層に開いた「穴」の広がりも抑えられ、オゾンホールとよばれる穴は、広がったり（2020年がそうだった）、閉じたりをくり返している。

地球温暖化に気づいたキーリング

大学で化学の博士号を取得したチャールズ・デービッド・キーリングは、同級生たちと同じように、石油業界に就職しようと考えていた。ところが、赤外分光光度計（目に見えない赤外線を使って、物質の正体を調べる装置）の購入をきっかけに、彼はみんなと違う道を歩むことになった。

キーリングは、ハワイのマウナロア火山の頂上に光度計を設置。そのせいで貯金のほとんどを使いはたしてしまったけれど、2年分のデータを集めた。そして、数年かけて、人間の活動のせいで地球の温室効果が高まっていることを科学的に証明したんだ（しかも、地球温暖化のおもな原因は、彼が進もうとしていた石油産業だった）。

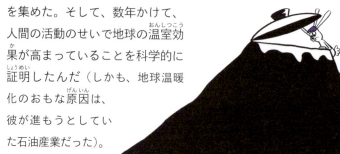

地球には、木が必要

　窓から外を見て、1本の木に注目してみよう。それは、どんな木？

　きみにとっては、ただの木にしか見えないかもしれないけど、じつはその木は、二酸化炭素の貯蔵庫なんだ。木には、生きているあいだに二酸化炭素を吸収し、酸素をとりのぞいたあとの炭素を、切りたおされてからも閉じこめておく力がある。

　もし木に火をつけたら（じっさいにやっちゃダメだぞ！）、幹や枝に閉じこめられた炭素は二酸化炭素となって、空気中に解き放たれる。つまりきみは、ちょっとだけ地球の温室効果を高めたことになる。

　ものが燃えるときには、だいたいこれと同じことが起きる。石油の場合もそうだ。石油というのは、数千万年前の植物や動物の死骸が、地中で圧迫されながら分解されることによって形成される（それで「化石燃料」というんだよ。だから、「うちの車は恐竜で走ってるんだ！」と主張しても、まちがいではない）。

　生きものの体からできた石油には、たくさんの炭素がふくまれている。だから石油に火をつけると、その炭素はたちまち二酸化炭素になって、大気に混ざる。すると、温室効果はまたちょっと高まる。

　そしたら、どうなると思う？

　灰色うさぎは答えを知っているみたいだ。ほら、飛びはねながら、つぎの疑問に行っちゃった。ぼくらも追いかけることにしよう。

6　二酸化炭素って、何がそんなに問題なの？　　**59**

再生可能エネルギー

ぼくら人間は何世紀もずっと、石油や木材や石炭を燃やすことで、熱と電力を生みだしてきた。いまはその電力を使って、パソコンの電源を入れ、スマホを充電し、暗闇に明かりを照らしてものを見ている。

電力をつくるのは、発電所だ。見たことあるかな？　発電所からはいくつも電線が伸び、ぼくらの家に電気を供給している。この電線や電信柱なら、きみも家の近くでよく見ると思う。

ぼくらは、何千万年もかけてつくられた石油を一瞬で燃やすことで発電してきた（これを火力発電という）。自然が生みだす以上のペースで化石燃料を消費してきたんだ。こんなことを続けていたら、そのうち石油はなくなってしまうよね。でも、いまではさいわい、地球にそんなムリをさせずに、自然の力を借りながら、使うよりも早いスピードでエネルギーを生産しつづけられるようになってきた。

こうした再生可能エネルギーは、大気に二酸化炭素を放出しないから、「クリーンエネルギー」ともよばれている（じっさいには少しだけ二酸化炭素が放出されるんだけど、その量は比較的少ない）。

そのいくつかを紹介しよう。

風力発電
風を利用して、タービンという巨大な機械を回転させ、電力を生みだす。

太陽光発電

太陽光線がもつ光のエネルギーを電力に変える。サハラ砂漠の1％にソーラーパネルを設置したら、ヨーロッパで必要なエネルギーをすべてまかなえるんだよ。

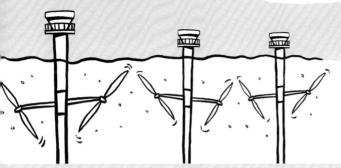

海流発電

風力タービンと同じ原理で、海流や潮流を電力に変える。

地熱発電

地球がもっている地中の熱からエネルギーを得る。

　ほかにも、注目されている次世代エネルギーに「水素」がある。燃料電池という装置を使えば、水素と酸素を結びつけて水にすることで、電気をつくることができる。酸素は空気中にあるものが使えるし、水素は水から取りだして、燃料としてためておくことができる。二酸化炭素も生みださない。こうした発電のしくみは、ジュール・ヴェルヌの小説『海底二万海里』の登場人物が思いえがいたアイデアに、よく似ているんだ。
　アーサー・C・クラーク（44ページに登場）が衛星を発明した作家なら、ヴェルヌは、次世代エンジンを思いついた作家ってところかな？

7

地球は暑くなってるの？

そうだよ。地球は暑くなっている。それも、かなり。
　世界中の頭のいい人たちが、地球の平均気温の上昇を1.5℃以内に抑えることに合意した。それほど、この1.5℃は重要なんだ。
　きみは言うだろう。「だいじょうぶ。セーターを脱げばいいんだよ。靴下をはかずに出かけたっていいし、帽子もとってしまえばいい。そうしたら、前髪のセットもくずさずにすむからね。どうしてそんなに心配しなくちゃならないの？」
　どうしてかというと、ただの1.5℃じゃないからだ。
　平均気温が1.5℃。地球全体での話だよ。この星には気温の低い場所があることも考えなくちゃならない。そう、北極や南極があることも。

どう？　わかった？──「まだ」。

そうだね。たしかに、気温が上がるとどんなことになるかを想像してもらうのは難しい。というのも、じっさいには何が起きるか、まだ正確にわかっていないんだ。大昔には、ワニがグリーンランドを散歩していた時代もあった。でもそのころ、ぼくら人間はまだいなかった。これほど急激に、また短期間に気温が上昇するのは人類史上はじめてのことだから、何が起きるか、だれにもまだわからないんだ。

人間が各地の気温を継続的に記録するようになったのは、1850年ごろからだ。そのうち、測定結果が信用できるのは、1880年以降だと考えられている。それよりもまえの時代、たとえば80万年前だと、くわしい記録はない。けれども、エピカの巨大な氷ニンジン（31ページのコラムを思い出して）のおかげで、かなり正確に推測できるようになった。

それをふまえると、いまはこのグラフみたいな状況だ。

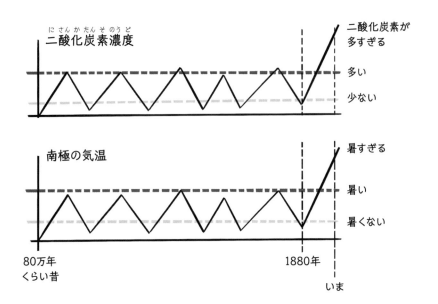

わかる？　空気中の二酸化炭素濃度と同じように、気温も変化しているよね。つまり、二酸化炭素の濃度がすごく高い（しかも上がりつづけている）いま、ぼくらは暑い世界に向かって「転げ落ちて」いるんだ。

　もしかしたらきみは、「地球には、二酸化炭素の量がいまより多く、気温がいまより高い時期があったから問題ない」ってだれかが言うのを聞いたことがあるかもしれない。でも、それは違う。過去の温暖化は、いまよりもずっと時間をかけて進んでいた。いまは、そのときよりも10倍以上も速いスピードで温暖化が進んでいるんだ。だから、多くの動物や植物が順応できなくて死んでしまうと予想されている。

　1850年からこれまでのあいだに、地球の平均気温は1.1℃上昇した。なんの対策もしなければ、温暖化のペースはどんどん速くなって、ある時点から止まれなくなってしまう。

65

ここまで聞いても、まだきみは平気だと思うかもしれない。

でも、こんな話があることを知っておいてほしい。最後の氷期は、平均気温がいまよりたった5℃低いだけだった。それでも、イギリスは氷の下に埋まっていたし、ヨーロッパ中がコケしか生えない不毛の地だった。

1880年から現在まででもっとも気温が高いのが、この20年間っていうのは、偶然だと思う？この本を書いているぼくたちには、そうは思えない。きみのとなりでうちわをパタパタさせている灰色うさぎも、同じ意見だって。

1880年から現在まででもっとも気温が高いのは、今日までの20年間だ

さらば、永久凍土層

グリーンランドやカナダ、アラスカ、ロシアのシベリア地方には、広大な平地が広がっている。マツやモミ、カラマツやセコイアといった針葉樹の王国だ。この環境を「タイガ」という。ロシア語で「針葉樹林」という意味さ。

これが、とことん自分の個性を貫くタイプでね。どこまで行

永久凍土

氷をふくむ凍った状態の土を「凍土」という。このうち、少なくとも2年以上凍った状態のものが「永久凍土」だ。永久といっても、いつも全体が凍っているわけではなく、夏になると表面が少しだけとける。シベリアやアラスカ、カナダといった地域に広がっているよ。

66

ってもはてしなく同じ環境が続く。好きな人にとっては天国。きらいな人にとっては地獄。最低最悪の脱出ゲームだ。
　タイガは変化に乏しい。アマゾンのようにいろいろな生きものがいるわけでもない。でも、静けさなら負けないし、アマゾンと同じように、たくさんの樹木を抱える貴重な存在でもある。木は、59ページで見たように、大きさにかかわらず、1本1本が二酸化炭素をためておく集合住宅だ。だから、このままそっとしておくのがいちばんなんだよ。
　もっと北に行くと、タイガがひらけ、背の高い木の見当たらない「ツンドラ」とよばれる地域がはてしなく広がる。ツンドラの地中には、1年中氷点下の永久凍土が広がっている。表面は夏になるととけだし、草や地衣類が育ち、小さな美しい花が咲く。小動物もたくさん暮らす。

永久凍土は、何万年もまえから凍結しつづけていた。それなのに、2020年の夏、かつてない熱波がシベリアを襲い、気温が34℃を超え、とけたことのない永久凍土がとけだした。そして、土のなかで凍っていた植物の死骸がとけ、自然の力でいっきに分解が進み、寒さで活動できずにいた微生物や細菌もめざめて動きはじめた。

とくに問題なのは、閉じこめられていた二酸化炭素とメタンガスが放出されたことだ。地球の温室効果ガスはただでさえ多かったのに、さらにとんでもなく増えてしまった。

人類は知っていた！

1960年、経済成長の真っただなかに自動車メーカーで活躍していたイタリア人、アウレリオ・ペッチェイは、ヨーロッパやアメリカといった一部の地域の繁栄が、それ以外の国々の害になるんじゃないかと疑いはじめた。そして、1968年にローマ・クラブという研究団体を設立し、若き科学者、デニス・メドウズを起用して調査をはじめた。今後、さらに人口が増え、そのぶんの食糧が必要となり、工業生産や、再生不可能な資源の利用、環境汚染が進んだら世界がどうなるかを調べさせたんだ。

調査結果は、『成長の限界』という報告書にまとめられ、1972年に出版された。本のなかでは、持続可能な経済について人類全員で考えることの重要性が論じられている。この本のいうことは、多少なりとも当たっているんじゃないかな？

地球には、たいへんなことが起こりつつある。

何もかもがあまりに急激に温まるから、地面には大きな穴や、おそろしい割れ目ができはじめている。インターネットで「永久凍土穴」と検索したら、驚くような写真がいくつも見つかる。あまり気分のいい景色じゃない。まるで地球が内側から崩壊していくみたいだ。

もし、世界から氷が消えたら？　もし、氷がぜんぶとけてしまったら、どうなるんだろう？　つぎの疑問では、そのことについて考えよう。

数字の話

カナダやアメリカ、ロシアの大地1800万km²では、氷のなかに17億トンの二酸化炭素が閉じこめられている。これは18世紀にはじまった産業革命後に人類が排出した量の3倍だ。

7　地球は暑くなってるの？　　**69**

8 極地の氷には、どんな役割があるの？

　南極の氷はペンギンの住みか、北極の氷はシロクマの住みかだ。パソコンの背景画像にもピッタリだね。
　地球温暖化が進んで極地の氷がとけた世界は、映画『ウォーターワールド』に描かれている。大陸が海の底に沈み、真水がなくなった地球で、人びとは水と土地を奪いあいながら生きているんだ。ケビン・コスナーが演じる主人公も、巨大ボートで海を漂いながら暮らし

ている。彼はどんなピンチも超人的な力で切りぬけるけど、現実には、だれもがケビン・コスナーと同じようにできるわけじゃない。

だから、氷がなくなると困るってことは、わかるだろう。氷は氷のままがいちばんだ。

ひと口に氷といっても、いろんな種類がある。どれも同じってわけじゃないんだ。

海の氷は、塩水でできていて、海を漂いながら極地で海氷をかたちづくっている。シロクマたちのお気に入りの飛びこみスポットだ。

陸の氷は、大地の表面で氷床をつくる。この氷は雨や雪が降りつもって凍ったものだから、真水からできている。こうした氷は、グリーンランド（デンマーク王国の一部）やスヴァールバル諸島（ノルウェー領）といった島の大部分や、カナダやアラスカの一部地域を覆っている。スカンジナビア半島の一部や、シベリア、南極も陸の氷に覆われている。

氷は高地にもある。標高3000から4000メートル以上の場所によく見られ、万年雪が固まって氷河となることもある。氷河はヒマラヤ山脈やカラコルム山脈、アンデス山脈やロッキー山脈にある。標高の低いアルプス山脈では氷河がとけだし、世界中が心配している。

どんな氷だろうと、その重要な働きは、いまのぼくらの暮らしを守ることだ。

氷がとけると、地球の気候変動はいっきに加速する。気候変動を加速させるエンジンはたくさんあるけれど、とけていく氷はもっとも強力だ。火

氷がとけると、地球の気候変動はいっきに加速する

ではなく、水を動力にしたエンジンってわけ。

氷は宇宙空間にある鏡

　ぼくらの地球は、いわばひとつの大きな機械だ。どれかひとつでも部品が欠けたら、どこかが動かなくなってしまう。

　小さいころ、親戚のおじさんが持っていた電動の鉄道模型を分解したりしなかった？　組み立てなおしたら、ネジがたくさんあまって、電車は二度と出発できなくなった。しまいには、おじさんから大目玉を食って……。

　そう。地球も、この鉄道模型と同じ状態なんだ。ぼくらはみんな、ネジをもとにもどさずに遊びつづけている。

　もし、北極や南極の気温が下がらなくなれば、海流は生まれない。海流がなくなれば、魚が移動しなくなる。魚が移動しなくなれば、

とれる魚が減って食料が足りなくなる……、この先はご想像におまかせしよう。

でも、それだけじゃない。

氷は、その色にも重要な働きがある。

真夏の真っ昼間に黒ずくめで出かけたら、汗だくになる。でも、同じ服でも白を選べば、それほど汗をかかない。なぜだろう？

ぼくらの目に映る色は、物体が吸収する光の量によって決まっている。黒いＴシャツが黒く見えるのは、白いＴシャツよりたくさんの光を吸収するからだ。太陽の光は温かいから、きみの体には、光とともに熱も届く。白は、色のなかでも、もっとも多くの光を反射する。だから白く見えるし、白い服は黒い服よりすずしい。じゃあ、白と黒のしましまのＴシャツを着ていたら？　そう、サッカークラブのユヴェントスのファンってこと！……いや失礼、これは気候と関係ない話だった。

じゃあ、ここで質問だ。氷はどんな色をしている？

そう、白い。

地球の白い氷は、強力な鏡のように、太陽の光を大量に宇宙にはね返し、地球温暖化を防いでいるんだ。

氷が減ったら、地球は白い部分が減って、太陽光線をさらに多く受けとることになる。すると、地球温暖化はますます進む。もっと多くの氷がとけ、ドミノみたいに連鎖反応がどんどん進んでいく。

氷がとけたら暑くなるわけ

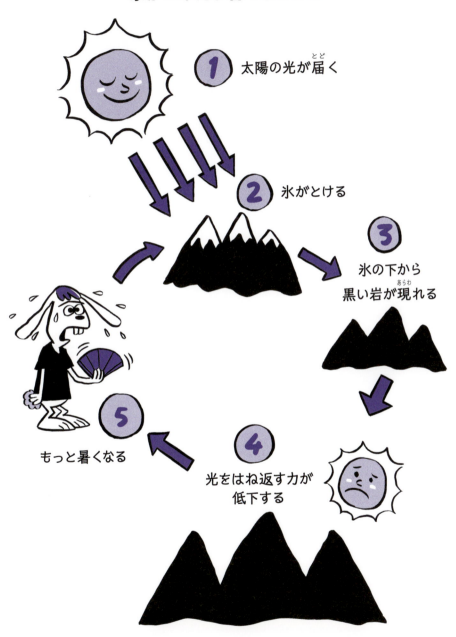

8 極地の氷には、どんな役割があるの？

エベレストにマーガレットが咲く

　いまこの本を書いているあいだにも、地球の氷はとけている。それもかなりのスピードで。毎年9月におこなわれる測定によると、北極海の海氷の面積は少しずつ小さくなっている。エベレストでも、氷河の下から岩肌や草地が現れはじめた。そりゃあ、岩山だって花だってステキだけど、そこに出てきちゃダメなんだ！

ザ・シンプソンズとザ・エスキモーズ

　「エスキモーのことばには、雪を表す単語が100個ある」という有名な話がある。でもまあ、100という数字には根拠がない。エスキモー語では、複数の単語をつなげてひとつの長いことばをつくれるんだ。だから、たとえば「トケタユキ」とか「トテモシメッタユキ」みたいに、「ユキ」にいろんな単語をつけてつくったことばを、ぜんぶ別の単語として数えた可能性もある。でも、ハッキリと言えるのは、エスキモーが雪の専門家だということだ。

　アニメ『ザ・シンプソンズ』に登場するニュースキャスター、ケント・ブロックマンは、地球温暖化を皮肉って、こんなことを言っている。「アラスカのエスキモーはいまや、『雪がない』というときに、100のことばを使いわけられるようになりました」。

どうしてダメなのか、わかる？

　ぼくらの暮らしには水が必要だからだよ。しかもその水は、氷という形で、昔から変わらない場所に貯蔵されていなくてはならない。

　地球上の淡水の70％は、氷河や氷山、つまり氷として存在している。氷河に覆われた山脈の広がる国では（イタリアもそうだよ）、そうした水が、いっぺんにではなく予測できるペースでとけだして川や滝になったものを利用している。そして、水力発電をしたり、工場を動かしたり、畑に水をやったり、人や家畜の飲み水を得たりしている（水力発電では、大きなパイプのなかで水を落下させ、その力でタービンを回して電力をつくるんだけど、山の氷河がなくなれば、落ちてくる水もなくなる）。

　水には決まったサイクルがある。海の水が蒸発して雨になったり、それが冷えて氷になったりする。

　でも、山や、北極や南極にある氷が、ぜんぶ水になってしまったら？　だんだんと海面が上がってくるだろう。

　水が増える。増えすぎる。まさに映画『ウォーターワールド』のように。

　灰色うさぎはこう叫ぶはずだ。「みんな、避難だー！」

数字の話

北極圏では、10年ごとに海氷の12.8％が失われている。この20年では、南極で約1270億トン、北極で約2860億トンの氷がなくなった。億を0で書いて、0を数えてみてごらん。ぞっとするよね。

8 極地の氷には、どんな役割があるの？　77

9 海に浮かぶ島々は沈んでしまうの?

ここまでこの本を読んできたら、灰色うさぎの長いぼやきにも、少しは真剣に耳を傾ける気になったんじゃないかな。

でも、手遅れかもしれない。すぐに行動しなきゃ、まずいかも。

ここでひとつ、おもしろいことをしてみよう。地図を持ってきて、きみが住んでいる場所を探すんだ。氷河が近い? そりゃ、よくないな。山のふもとに住んでいる? それもよくない。海の近くだって? あちゃー、たいへんだぞ。砂漠に住んでいる? 最悪だ。ツンドラ? もっとまずい。

79

どれも冗談に聞こえるかもしれないけれど、笑える話じゃないし、笑い話ですませるための方法も見つかっていない。

数年後の地球がどうなるかという質問には、だれも答えられない。気候変動があまりに急速に進むから、予測や対策が難しいんだ。

「海に浮かぶ島々は沈んでしまうの？」

「アドリア海の水上都市、ヴェネチアも沈んでしまうの？」

そう聞かれて、ぼくらに言えるのはこれだけだ。

「そうならないことを祈る」

でも、海面は上昇している。じゃあ、どうすればいいんだろう。

気候変動があまりに
急速に進むから、
何が起きるかという質問には、
だれも答えられない

海がどんどん上がってくる

地球の歴史をふり返れば、海面が上がったり下がったりするのは、はじめてのことじゃない。大きな気候変動が起こるたびに、地球を覆う氷は広がったり縮んだりをくり返してきた。たとえば、氷期になるたびに気温が下がり、大量の水が凍って海面が低下し、氷期の終わりにはこれと反対のことが起きた。

つぎの氷期は5万年後とか10万年後だとかいわれているけれど、

いまの地球温暖化の進み方を見ると、正確な予想は不可能だ（この場合は、あまりに先の話すぎて、検証することもできないけどね）。

きみが夏休みに見る現在の海は、7000年くらいまえから18世紀までは同じ姿をしていた。たまに例外的な高さになることもあったけど、人間はこの状態に慣れ、これまでの海面の高さにあわせて文明を築き、海沿いに町や村をつくってきた。そのおかげで、安心して散歩をしたり、月を眺めたり、海辺で考えるのにピッタリのことに思いをはせたりできるようになった（どこまでも続く水平線とか、寄せては返す波の音とか、シーフードミックスフライとか）。

ところが、19世紀に入ると、環境が変わり、海面が上昇しはじめた。それも、かなりの勢いで。現在の海面は、当時より20センチ以上高い。

だから、人間は防波堤を高くつくりなおした。ビーチがせまくなったから、パラソルを立てる場所が足りなくなり、デッキチェアの置き場をめぐるおとなりさんどうしのケンカが増えた。きみの妹がつくる砂のお城も、ワンルームマンションになってしまった。

9 海に浮かぶ島々は沈んでしまうの？　81

ここで、3つのグッドニュース!

心配性な灰色うさぎにつられて、不安になってきちゃったけど、じっさいには、いいニュースもあるんだよ。これを聞いたら、灰色うさぎも、きっとうれしくて飛びはねちゃうはずだ。

中国がカーボンニュートラル実現をめざす

2020年9月22日、中国の習近平国家主席は、2060年までに温室効果ガスの排出実質ゼロを実現すると宣言した。成功すれば、世界初の国家となる。がんばれ、中国!

エネルギー効率がアップ

2007年から2017年にかけて、世界のエネルギー効率(エネルギーを生産するときのムダや環境汚染の少なさを表す数値)は1%上昇した。2027年には9.19%に達するといわれている。この調子でいこう!

株式市場も再生可能エネルギーに注目

2020年、ニューヨーク株式市場の主要銘柄リストから、1928年以降入りつづけていた石油会社のエクソン・モービルが除外された。これにより、多くの石油会社やガス会社の株価が下がった。この年、エクソン・モービル社に変わって注目を集めたのが、ネクステラ・エナジー社だ。風の力でタービンを回す、期待の再生可能エネルギーを売る会社だよ。すばらしい!

この数年で事態はどんどん悪化し、いまや海面は1年に3.3ミリ上昇している。

気候学者の予測によると、最悪のシナリオでは、2100年には、いまとくらべて海面が1メートル上昇する。そんなことになったら、たいへんだ。

NASA（アメリカ航空宇宙局）がインターネットで公開している海面上昇シミュレーターを使えば、世界の海岸を水びたしにして「遊べる」。

やってみると、海面が1メートル上昇したら、ヴェネツィアだけでなく、ニューヨークやマイアミ、ロンドン、ストックホルムも水没することがわかる（ロンドンは海から離れているけど、街を流れるテムズ川が氾濫してしまうんだ）。

イタリアの都市だと、シチリア島のパレルモや港町のジェノヴァなどが沈没する。

もちろん、海に囲まれた日本も例外じゃない。海面が1メートル上昇したら、全国の砂浜の9割が消えてしまうと予測されている。砂浜だけじゃなく、東京や愛知、大阪といった海沿いの大都市も大きな被害を受けるといわれているんだ。

レモン味の海

ところで、炭酸水って、飲むとシュワシュワするよね。あれは二酸化炭素が入っているからなんだ。家に炭酸水メーカーがあれば、きみだってつくれる。

二酸化炭素が溶けこんだ炭酸水は、シュワシュワするだけじゃなくて、味が少し酸っぱくなる。

9 海に浮かぶ島々は沈んでしまうの？　83

じつは、この炭酸水のように、いま、海が酸っぱくなっているんだ。というのは、地球の大気のなかに二酸化炭素が増えたせいで、それが水に溶けこんでいるから。レモン味の海なんて、笑っちゃうよね。でも、笑ってる場合じゃない。

炭酸水がちょっと酸っぱく感じられるのは、「酸性」という性質をもつからだ。くわしいことは省略するけど、酸性のものには、酸性でないもの（アルカリ性のもの）をとかす働きがある。

　それじゃあ、ここで考えてみよう。大気中のよぶんな二酸化炭素と、広い海。このふたつが結びついたら、何が起こるか、もうわかるよね。そう、とんでもない量の炭酸水のできあがりだ。

　そうなったら、魚や海藻の味が変わるだけじゃない（ひゃあ！今日の魚はやけに酸っぱいなあ）。酸性になった海水は、貝類の殻にも害を与える。プランクトン（水中を漂いながら暮らす小さな生きもので、魚のえさになっている）や、エビやカニ、サンゴといった海の生きものも、数が減ってしまうんだよ。

新ジャンル「ソーラーパンク」の誕生

　この本でも何人かとりあげたけれど、作家というのは、ときに科学者よりもじょうずに未来を予想する。それはきっと、作家が数字やデータにとどまらず、人間の心理までよく理解しているからだろう。

　作家のウィリアム・ギブスンは、まだコンピュータをコンセントにつなぐのも難しかった時代に（しかも彼はコンピュータについてド素人だった）、インターネットを想像し、「サイバーパンク」というジャンルをつくりだした。いまでは、そこから派生した「ソーラーパンク」の作家たちが、想像の翼を広げ、悲惨な未来ばかりではなく、科学的な根拠があって読者が前向きになれるような、100年後の世界を描いている。

9　海に浮かぶ島々は沈んでしまうの？　**85**

10
雨の量は、増えたの？減ったの？

　地球が温暖化すると砂漠が増えるという話も聞くし、大雨や洪水が増えるという話も聞く。

　雨の量は、減ってるのかな？　増えてるのかな？

　じつは、世界全体の雨の量は変わっていない。変わったのは、降り方だ。降る場所も、少し変わった。

　この200年間の観測結果を見ると、たとえば、四季のある国では、昔は雨が1年を通じて安定して降っていたのに対し、いまは、雨が降らない天気が長く続いたかと思えば、いっきに激しい雨が降るようになった（集中豪雨っていうやつだ。ほかにも、テレビで「ゲリラ豪雨」なんて呼ばれるのを、きみも聞いたことがあるんじゃない？）。

87

人口に対して水が豊富なのは、南米や北米、オセアニア（オーストラリア大陸とその周辺の島々）だ。こうした地域に住む人びとは、ひとり当たり年間5000〜5万立方メートルの水を飲み水にできる。ヨーロッパの場合は国によって事情が異なり、スカンジナビア諸国やアイスランド、アイルランドは水が豊富だけど、ドイツやポーランドといった国はひじょうに乾燥していて、干ばつのリスクにさらされている。

　一方、地球の気候が温暖化したことで、竜巻やハリケーンといった気象災害が激しさを増した。竜巻って、見たことある？　空気と水が渦を巻き、柱のようになったやつだよ。激しく回転しながら地面にあるものを巻きあげ、あたりにまき散らす。

　竜巻の威力を体感したかったら、ポケットに生米を入れて、ピルエットをするバレリーナみたいにグルグル回り、お米がどこまで飛ぶか見てごらん（実験するときは、両親にこの本を読んだことを言わないように。理科の実験だって言いはるんだ）。

気候が温暖化したことで、竜巻などの気象災害が激しさを増した

　アフリカの角（アフリカ東部につき出た三角形の半島。エリトリア、エチオピア、ジブチ、ソマリアといった国々がある）は、もともと乾燥した地域だったけど、15年前までは短い雨季があり、人びとはその雨がもたらす水を使って生活していた。でも、いまでは雨がほとんど降らなくなった。たまに降っても、すぐに流れ出て海に吸収さ

れてしまう。
　水というのは、たえず移動している。水の循環については、きみも知っているだろう？
　海が蒸発して水蒸気が空にのぼり、雲をかたちづくる。雲は小さな水の粒（水蒸気じゃなくて水滴だ）でできていて、それが合体して大きくなると雨になる。その雨水が川を満たし、川の水が海へと帰っていき、ふたたび循環しはじめる。すごくシンプルに聞こえるよね。でも、じっさいには、もう少し複雑なんだ。

たとえば、雨水のうち、川に直接降りそそぐのはほんの一部だ。ほとんどは家の屋根とか、道路や駐車場のアスファルトといった、水を吸収しない場所に降る。そして、排水溝や下水道によって川へと運ばれる。

雨は土の上に降りそそぐこともある。土にはスポンジのような働きがあり、時間をかけて雨水を濾過し、下へと浸透させることで、地中深くに水をたくわえる。平地に住む人びとは、井戸などでこの地下水をくみ出して飲み水にしている。

ところが、雨が集中的に降ると、排水溝や下水道が水を処理しきれず、地上にあふれて水びたしになってしまったり、川の水が増えすぎて、氾濫してしまったりする恐れがある。

世界でいちばん雨が少ない町と多い町

チリのアタカマ砂漠にあるカラマという町では、1972年に嵐がくるまで、400年間、ほとんど雨が降らなかった。

一方、インドのチェラプンジという町は、年間降水量最多の記録をもつ。この町があるメーガーラヤ州は、「東洋のスコットランド」とよばれているほど雨の多い場所なんだよ。

その一方で、長く雨が降らないと、大地を覆う土が乾燥して硬くなる。だから、いざ雨が降っても、雨水は吸収されずに地表を流れていってしまうんだ。長いあいだ使っていないスポンジが水を吸わなくなるみたいに。

川は、きちんと手入れして、安全に流すこと

川の水は、川床とか河床とよばれるベッドの上を流れている。自然がつくりあげた天然のベッドもあれば、人間が設計した人工的なベッドもある。このふたつには大きな違いがあるんだよ。

スケートボードに乗ったときにスピードが出るのは、どんな場所だろう。でこぼこだらけの舗装されていない道？　それとも、なめらかなコンクリートのスケートパーク？　もちろん、つるつるのコンクリートのほうが、スピードが出るよね。

川の流れもスケボーと同じで、自然のままの川床なら、穴や摩擦の影響を受けてゆっくり流れる。でも、つるつるのコンクリートに覆われていたら、流れは一転して速くなる。そして、スピードが出れば出るほど、止まるのは難しくなる。つまり、大事故が起きるリスクが高くなる。

だから、川はきちんと手入れをし、管理することが大切なんだ。大雨で水が増えるときなんかは、とくにそう。流れが急な場所は、無理にせき止めちゃいけない。そこからあふれ出した水は、列車のようなスピードで、橋脚や、カーブにつくられた堤防、岸辺のベンチといった、ありとあらゆるものを押しながすことになる。

10　雨の量は、増えたの？ 減ったの？　91

水を求めてさまよう気候難民

　めぐりめぐるのは、水だけじゃない。水がなくなれば、人間も移動することになる。世界銀行は報告書のなかで、地球温暖化の影響によって今後30年で2億1600万人が移住を迫られる可能性があると指摘した（これは日本の人口の約1.7倍にあたる）。
　干ばつや酷暑、日照りにより砂漠化が進んで土地を捨てる人もいれば、突発的な豪雨が激しさを増し、土地が荒廃して出ていく人もいると考えられている（バングラデシュでは、すでにそんな大雨があいついでいる）。海岸沿いや大きな川の河口付近に住む人、海の美しいサンゴ礁に囲まれた島に暮らす人は、いずれ海面が上昇し、土地がなくなってしまうかもしれない。
　とくに大きな被害が出るのは、海岸沿いに大都市をもつ東アジアや東南アジア、南アジアだといわれている（上海や東京、バンコクやムンバイがその代表だ）。アフリカのナイル川デルタや西海岸、サハラ砂漠より南の地域も危ない。
　その結果として誕生するのが、生活に必要な土地や資源を失った新たな難民だ。「気候難民」という用語は、まだ定義されていないし、認められてもいないけど、数年後には現実的な問題となるかもしれない。

水はどのくらい必要なの？

　水がどのくらい必要かって？　答えは、きみひとりぶんなのか、地球上の全人類のぶんなのかでまったく違う。

　地球上の全員分なら……。うーん、現在の人口は、約78億人。これが30年後には97億人くらい、2100年にはおそらく110億人になる。人口はどんどん増え、高齢化がどんどん進むだろう（これは医療が発達し、食糧事情がよくなって、幼くして亡くなる子どもが出ないように人類が力をあわせた結果だ）。

　80億近くの人間が、水を飲み、食事をとり、ものをほしがり、もっと豊かになりたがる。すると、どうなる？　計算するのがイヤになるくらい、たくさんの水が必要になる。

　そうじゃなくて、きみひとりにとって必要な量を知りたいって？　それもまた、すぐに答えるのが難しい。きみがどんな暮らしをしているかによって、計算のしかたが変わるからね。計算に入れるのは、飲み水や、料理に使う水、お風呂の水といった、直接使う水ばかりじゃない。きみが1日をとおして食べたり使ったりするものを生産するために、間接的に消費される水もある。むしろ、そっちのほうが多いんだ。

　ひとつ例を挙げよう。きみのポケットに入っているスマホ（フフ……そこにあるのはわかってるんだ）を取りだして、よく見てごらん。スマホを1台つくるには、水が8000リットル使われる。ジーンズ1本も同じくらい。ヴィンテージ加工やダメージ加工をするなら、

> ## 数字の話
>
> 地球にある水のうち、淡水は3％だけ。残りはぜんぶ塩水なんだ。しかもその3％のうち、飲み水になるのは1％だけなんだよ。

10　雨の量は、増えたの？ 減ったの？　**93**

もっとたくさんの水が必要になる（だからジーンズは新しいものを買って、はき古したほうがいい）。ゴテゴテした飾りのない、シンプルなTシャツでも、2700リットルは使う。

ある計算によれば、ニューヨークに住むきみと同い年くらいの子どもは、1日に500リットルの水を消費しているそうだ。ケニアの首都ナイロビに住む子どもは、30リットル。

きみはどうだろう。灰色うさぎといっしょに計算してみよう。

そういえば、きみが食べたりする生きものが消費する水を計算に入れてなかったね。きみが食べる野菜を育てるための水、きみのハ

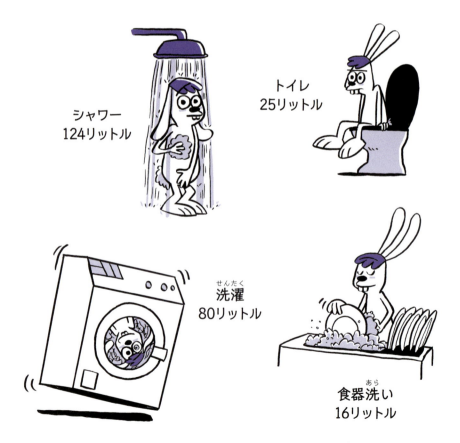

ンバーガーになる牛が生まれてから3年間飲んだ水。さらには、その牛が食べる飼料をつくるための水もある。

　水を大事にしようと思ったら、Tシャツやズボンを必要な数より1枚少なく買うようにしよう。肉の食べすぎには注意したほうがいい。つくるために必要な水の量で考えると、ビーフステーキ1枚分はリンゴ40個分になるからね。

　だから、地球の水を大事に使おうと思ったら、ステーキよりもリンゴのほうがいい。ことわざでも言うように、1日1個のリンゴは、地球温暖化を遠ざけるんだから（え？「医者を遠ざける」だろって？）。

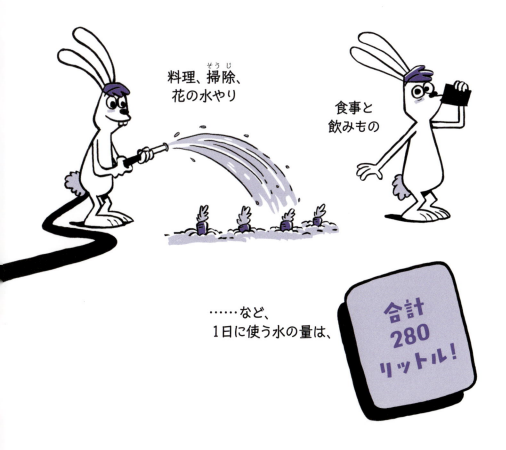

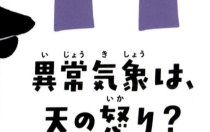

11
異常気象(いじょうきしょう)は、天の怒(いか)り？

天(いか)の怒りっていうよね。でも、冷静に考えて、空が怒ったりすると思う？ 空は怒るどころか、人間に興味(きょうみ)すらないだろう。

だけど、ぼくらのほうはそうもいかない。天気を気にせずに生活するなんて無理だ。

正常(せいじょう)な天気なら、こわがらなくていい。雷(かみなり)をこわがるのなんて、灰色(はいいろ)うさぎくらいのものだ。あいつは雷が鳴ると、すぐ近くの木の下にもぐろうとする。それは雷のときにいちばんやっちゃいけないことなんだけど……、まあ、あいつは臆病者(おくびょうもの)だか

らしょうがないね。雷の音が聞こえただけで、もう冷静さを失っちゃうんだ。

　雷が落ちるときって、かっこいいと思わない？　空を切りさく稲光、とどろく雷鳴、立ちこめる黒い雲、髪をかき乱す風。顔や手のひらに降りそそぐ、濡れたゲンコツみたいな雨。大自然のパワーを感じる。

　でも、そんなのんきなことを言っていられるのは、天気が「正常」なときだけだ。天気がいつも人間の想定の範囲におさまるとはかぎらない。

　天気が正常でなくなると、さっきまでかっこよく見えた雷も脅威になる。雷雨が、嵐や豪雨、竜巻に変わっていったら……、たいへんなことになりかねない。

　こうした現象を異常気象という。ことわざに、「毒をもって毒を制す」ってあるだろう？　「異常」な気象には、ぶっとんだ仕事で対抗しなくっちゃ。こうして誕生したのが、ストーム・チェイサーとよばれる、嵐を追跡する職業だ。

　なんだか、かっこよさそうだよね。じっさいにかっこいいんだよ。レインコートを着た現代版インディ・ジョーンズってところかな。研究と危険が隣りあわせの、この変わった仕事をはじめたのは、アメリカ人のニール・ワードという人物だ。1961年に、竜巻を追って車で移動しながら、

アメリカ国立気象局にその動きを逐一報告し、はじめて地上での竜巻の追跡に成功したんだ。その後、国立シビアストーム研究所がアメリカに設立され、竜巻ハンターという職業が誕生した。竜巻ハンターは、まず竜巻が発生しそうな場所、すなわち大気が不安定なところを突きとめる。それができたら現場に駆けつけ、路上の安全な場所を選び、竜巻の被害が生じる瞬間を記録する。

異常気象がいつも大きな被害をもたらすとはかぎらない。でも、人間が自然への敬意を忘れて建物をつくった場所には、かならず大きな被害が出る。

もし、火山の噴火口に家を建てたら（たとえそれがずいぶんまえから活動していない火山だとしても）、ある朝起きて、部屋が溶岩でドロドロに溶けていたとしても文句は言えないだろう。

管理が行きとどいていない川にも、これと同じことがいえるんだ。堤防がほったらかしにされていて、川床に危険物がたまっていて、所せましと建てられた家によって水の逃げ道がなくなっていたら、どうなる？　もし、海岸線ギリギリに町がつくられていたら？　みんなが思っているほど、ダムがじょうぶじゃなかったら？

異常気象は、「異常」というだけあって、めったに発生しない。「それなら安心！」ときみは思うことだろう。

たしかにそうなんだけど、気候変動がこのスピードで進めば、ぼくらにとっては異常気象が日常になってしまう。そうなると、ぼくらはこの状況に適応していかなくちゃならない。

嵐の仲間たち

ところで、豪雨や台風、竜巻（どれも嵐の仲間だ）には、どんな違

11　異常気象は、天の怒り？　99

いがあると思う？

「局地的な豪雨（ゲリラ豪雨）」というのは、限られた場所に短時間で降る強い雨のこと。局地的な豪雨が激しく降ると、「内水氾濫」とよばれる急な増水が起き、排水溝がつまって地下道や道路、建物の地下部分が冠水してしまう。

「台風」というのは、直径1000キロメートルに達することもある大型の低気圧で、そのなかではものすごく強い風が吹く。暑い熱帯の海で発生し、ときには上陸することもある。強い勢力の台風は、数日間にわたって各地に大きな被害をもたらす。日本では、中心付近の最大風速がおよそ秒速17メートル以上のものを「台風」というよ。国際的には、最大風速がおよそ33メートル以上で、太平洋の西側で発生したものを「タイフーン」という。大西洋や太平洋の東側で発生すれば「ハリケーン」とよばれる。発生し

ハリケーン

ハリケーンの語源は、マヤ神話に登場する風や嵐の神、フラカンだ。人間を創造したけれど失敗したため、暴風雨や大洪水で滅ぼして、また創りなおしたといわれている。

た場所で名前が決まるんだ。

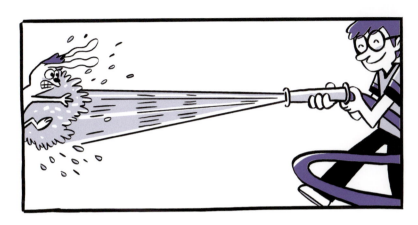

　一方の「竜巻」は、空気が激しく渦を巻きながら、まわりのものを吸いあげる現象だ。風速は時速500キロ（秒速138.889メートル）に達することもある（ストーム・チェイサーのジョシュア・ウールマンは、風速が時速511キロ〈秒速141.944メートル〉の竜巻を記録している）。持続時間は短く、直径は最大でも数百メートル。大きな竜巻は、アメリカの大平原、グレートプレーンズやヨーロッパの平地を中心に、激しい雷雨のときに発生する。

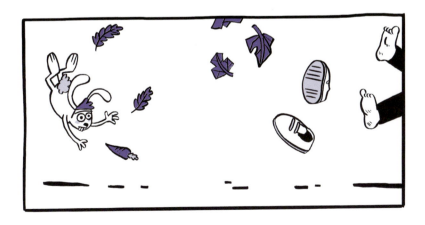

いまでは、熱波や寒波も異常気象の一種だと考えられている。気温が極端に高くなったり低くなったりすることで、数週間続いて広い範囲に影響をおよぼすこともある。今日は沖縄みたいな陽気だと思ったら、明日はシロクマと雪合戦、なんてことになりかねない。

異常気象をまえに、ぼくらがまっさきに取り組まなくちゃならないのは、過去の過ちを正すことだ。川を整備し、使っていないムダな駐車場を草地にする（草地には、雨水をとどめておく力がある）。危険な場所に家を建てるのもやめなくちゃならない。集中豪雨や竜巻を警告するアプリをスマホに入れたり、安全に暮らすための対策をふだんから考えておくこともできるね。

ハリケーンの名づけ方

人間は覚えておきたいものに名前をつけたがる。アメリカでは大きなハリケーンに名前をつける。毎年、Ana、Bill、Claudette……と、女性の名前と男性の名前を交互にして、アルファベット順に並べたリストが用意されている（昔は女性の名前しかなかった。気象学者が全員男性で、ガールフレンドや奥さんの名前をつけていたんだ）。

大きな被害を出したハリケーンの名前は、その後の候補リストからはずされ、かわりにほかの名前が採用される。たとえば、2012年に甚大な被害をもたらしたサンディのあとには、サラという名前が採用された。

ハリケーンの強さ

カテゴリー1：風速が秒速約32〜42メートル

家への被害はないが、農作物や樹木、お父さんの車には少し被害が出る。おじさんのボートは、杭につないでおいたほうがいい。

カテゴリー2：風速が秒速約43〜49メートル

小さな家や、道路標識、樹木、トレーラーハウスに被害が出る。農作物には、甚大な被害が。家は停電してしまうかも。お父さんの車には木の枝が落ちてくる。おじさんのボートをつないでいた杭は、折れてどこかへ行ってしまった。

カテゴリー3：風速が秒速約50〜58メートル

家によっては、屋根や窓、外壁に被害が出る。お父さんの車は横転。おじさんのボートは、よそのボートの下敷きに。ご近所の家々も停電する。

カテゴリー4：風速が秒速約59〜69メートル

ほとんどの家で屋根が壊れ、窓や外壁に被害が出る。お父さんの車とおじさんのボートは飛んでいく。県全域が停電。

カテゴリー5：風速が秒速約70メートル以上

何もかも飛んでいく。さようならーーーっ！

12
気候変動の原因は、環境汚染なの？

　ある日、白うさぎが巣穴を出て外へ行く。あくる日も、外へ行く。すると、1週間もしないうちに、その子はスモッグで灰色になる。2週間も続ければ、黒うさぎだ。
　きみも実験してみてごらん。白いズボンをはいて外へ出かけ、車がたくさん通る道を散歩して、家に帰る。これを1週間くり返す。
　そして、自分のズボンを見てみよう。すその部分に注目だ。
　きみは何をした？　ただ歩いただけだよね。ほかには何もしていない。
　でも、空気が汚れている。目には見えない汚れが、空気中を浮遊している。だから、ズボンは真っ黒だ。
　空気に異常があると、気候にも異変が起こる。すると、人間の暮らしにも異変が起こるようになる。
　数十年前までは、自動車の排気ガスが地球の環境に

影響を与えているなんて、みんな半信半疑だった。重さ1000〜2000キロ、全長4メートルの、ハイテク素材を駆使した、人間をお散歩に連れだすマシン。いまでは、その影響は疑いようもない。

> 昔は、排気ガスが地球の
> 環境に影響を与えているなんて、
> みんな半信半疑だった。
> いまでは、その影響は疑いようもない

空中を漂う小さなゴミ

　ものを燃やすと、エネルギーや熱といっしょに、灰や煙といった不要なものも出る。

　煙は、一酸化炭素や二酸化炭素（6章でとりあげたね）といった気体と、小さな微粒子が混ざったものだ。この微粒子の種類は、燃やしたものによって異なる。おじさんの昆虫標本コレクションを燃やせば、チョウの微粒子が舞うだろう。となりの家の女の子のお人形だったら、どうなるかな。やめてって言われてるのに燃やしたのなら、大目玉を食うだろうね。いや、きみの気持ちはわかるよ。あのお人形はちょっとブキミだから。

　でも、現実に何が起きるかを聞いたら、きみもふざけてはいられないだろう。

　人間が燃やしたものの微粒子は、大きなものならフィルターを使ってキャッチできる。それよりも小さくて捕まえられないものは、

「粒子状物質」とよばれる。粒子状物質は、PMともよばれることがある。「PM2.5」とかっていわれているものも、そのひとつ。

　空気中に粒子状物質が増えすぎると、霧がかかったように見通しがきかなくなって、交通規制が必要になることもある。もしそうなったら、地面に自然と落ちるのを数日待つか（何日かかるかは、粒子状物質の量しだいだ）、雨が洗いながしてくれるのを待つしかない。

　この粒子状物質は、気候にどう作用していると思う？

　粒子状物質は、温室効果ガスと同じように、熱をためこむんだ。ディーゼル自動車の排気ガスなどにふくまれるブラックカーボンをはじめとした黒い粒子状物質には、黒いTシャツを着たときと同じ効果がある。粒子状物質が白ければ、太陽の光を反射するから、地球の温度は少し下がる。

　粒子状物質が環境に与える影響は、気温だけじゃない。空気中を浮遊する粒子状物質には、水蒸気を集めて水の粒にして、雲を生みだす働きもある。この雲は、さまざまなやり方で気候に影響をおよぼすんだ。

　そろそろわかってきたかな。白うさぎが灰色になった原因、こんなにあせっている原因は、環境汚染なんだ。

12　気候変動の原因は、環境汚染なの？　107

破壊されゆく森林

　環境汚染は、自然にゴミを押しつけるだけでなく、自然から何かを「奪う」こともある。その代表例が、森林破壊だ。

　森林破壊というのは、木を切ることだ。でも、それだけじゃすまない。木を伐採すると、その木とともに生きるすべての命をとりのぞくことになる。虫や動物、きのこといった生物は、いっしょになって**生物多様性**を形成している。この生物多様性があるから、森は思わず「ねえ、見て！」って叫びたくなるような発見にあふれているんだ。

　世界でいちばん広大で豊かな生物多様性を誇るのは、ブラジルのアマゾンの熱帯雨林だ。ところが、アマゾンでは1700年から現在までに森林の面積の５分の１が失われてしまった。これだけの森林が失われると、回復が追いつかなくなり、そこに生きるすべての生きものが丸ごと消えてしまう。

> **生物多様性**
>
> 生物多様性というのは、この地球で、動物や植物、そのほかのさまざまな生物が支えあって生きていることをいう。これは絶妙なバランスの上に成り立っているものだから、けっして壊してはならないんだ。

　これはただの脅し文句じゃない。地球ではじっさい、２秒ごとにサッカーコート１面分の森林が失われている。こうしているあいだにも１面。１秒、２秒、ほらまた１面。人間は、こんな森林破壊を15年前から続けている。

　人間は木を切っているだけじゃない。森を燃やすこともある。畑や牧草地にしたり、その土地に新しい道路やスーパーマーケットをつくったりするために。地球の気温は上昇しつづけているから、森林火災の消火は年々難しくなっている。

灰色うさぎによると、森林破壊が環境に与える悪い影響には、つぎの3つがあるらしい。

木が燃えると……
熱と温室効果ガスが大気に放出される。

森林が減ると……
木が吸収する二酸化炭素の量が減る。

森がつぎつぎ牧草地になると……
肉の消費量が増える。家畜を育てるには大量の穀物と水が必要になる。それに、牛や羊のゲップやオナラには、温室効果ガスがふくまれている。

プラスチックに汚染された海

海氷がとけたり、海面が上昇したりする気候変動については、すでに話したね。じつは、海はもうひとつ問題をかかえていて、ここ数年でどんどん深刻になってきている。

12　気候変動の原因は、環境汚染なの？　109

人間が、ある発明品を無責任に使いつづけた結果、予想外のことが起きたんだ。19世紀後半に生まれたその発明品の、当時の名前はパーケシン。これがハイアット兄弟により改良されてセルロイドとなり（象牙のビリヤードボールをつくるために殺されるゾウを減らそうという立派な目的だった）、科学者のベークランドが、それをもとにベークライトを開発した。こうして完成したのが、プラスチックだ。

プラスチックという素材は、とてもじょうぶで長持ちするから、

海を漂うアヒル艦隊

船から落ちた大量のおもちゃが、いまも海を漂いつづけてるって話を聞いたことない？ 1992年、香港を出発し、アメリカのタコマをめざして太平洋を横断していた貨物船から、7200箱分の黄色いアヒルと赤いビーバー、青いカメ、緑のカエルが落下したんだ。荷物は目的地にたどり着かないまま、いまも「フレンドリー・フロート（なかよし艦隊）」とよばれて、海を漂いつづけている。その一部は、日本にも流れついたんだよ。

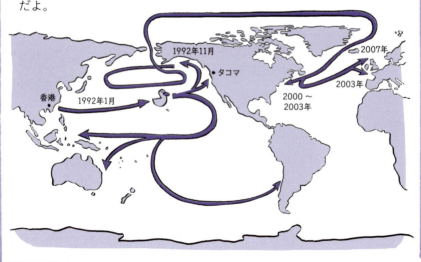

捨てられた場所から海へ流れついたあとも漂いつづけ（ちなみに、海に流れつく量は年々増加している）、それを飲みこんだ魚を窒息させて死へと追いやる。海流に流されて集まると、プラスチックゴミの浮島をつくり、まわりには、細菌やウイルス、菌類による小さな文明が築かれる。これは「プラスチック圏」とよばれている。

とくに問題なのは、海に集まったプラスチックが、目に見えない薄い膜を形成し、それがレンズとなって太陽の光を強めたり、フィルターになって弱めたり、さえぎったりすることだ。届くはずの光が水中に届かなくなったら、どうなるかわかるよね。光がなければ、海藻も魚も育たない。ようするに、プラスチックの下では、魚が窒息しているんだよ。

ぼくらが地球を使いつくす日は、いつ？

あるイジワルな科学者集団が（冗談だよ。ほんとうはやさしい人たちだ）、「アース・オーバーシュート・デー」というものを計算しはじめた。それは、地球がその年に生みだせる天然資源を、人類が使いはたしてしまう日のこと（年ごとに発表されている）。この日以降、ぼくらは再生の追いつかない資源を消費していくことになる。

ということは、その日が毎年12月31日になっていないとまずいよね。じつは、計算をはじめたころは、この日と1年の終わりがほとんど一致していた。1970年は12月30日だったんだ。

森からの警告

2020年に世界を震えあがらせた新型コロナウイルス感染症は、コウモリからセンザンコウへ、センザンコウから人間へと広まった可能性がとても高い。こうした動物から人間への病の感染は、人類が誕生したときから存在し、「スピルオーバー」とよばれてきた（英語で「あふれだす」という意味だ）。

現代と違い、その昔、コウモリやセンザンコウは人間から遠く離れた森のなかで暮らしていた。それなのに、人間が森林を伐採したせいで、「ぼくら」と「かれら」の生息地を隔てる空間が小さくなってしまった。だから、新型コロナウイルスの登場はなにも驚くことじゃない。いつの日かこうなることはわかっていた。環境汚染はめぐりめぐって、感染症の増加を招くとも考えられているんだよ。

ところがその後、人類が環境問題を深刻にとらえはじめた1980年代に入ると、アース・オーバーシュート・デーはどんどん早くなっていった。1985年には11月となり、それがやがて10月となり、2002年には9月18日になった。

　2020年は8月22日。2021年は7月29日……。わかったかい？

　その日から年末まで、ぼくらは回復することのない資源を飲み、食べ、燃やしているんだ（つぎの年以降に「とっておくべき」資源を前借りしながらね）。使ってしまったぶんは、二度ともどらない。知らないうちになくなって、おしまいだ。

　その結果、環境問題のほかにも、きみのいやがることが起きようとしている。なんだかわかる？　想像してほしい。

　何万人、何億人という、無責任で、問題が深刻になるまで関心を示さなかった大人たちが、きみに言いだすんだ。「地球を大事にしなさい」「**エコロジカル・フットプリント**に気をつけなさい」「シャワーを浴びる回数は、わたしたちが若かったころの半分にしなさい」って。

　それが必要なことだっていうのは、わかる。でも、きみにしてみれば、腹が立つのも当然だ。顔をしかめて、「イヤだ！　壊した人間が直せよ！」って主張する権利がある。

　じつは、ほんとうにそんなことをしはじめたガンコな女の子がいるんだよ。

> **エコロジカル・フットプリント**
>
> 人間が環境に与える負担を、地球につく「足跡（フットプリント）」に見立てて面積で表したもの。2018年の人類全体の足跡は、地球約1.75個分。地球は1個しかないわけだから、これだと明らかに負担をかけすぎだね。

12　気候変動の原因は、環境汚染なの？　113

13

グレタ・トゥーンベリは、どうして有名なの?

　地球を壊しつづけてきた大人たちへの怒りをあらわにしたのが、スウェーデンのグレタ・トゥーンベリだ。
　グレタのことは、もちろん知ってるよね。すごく話題になったから。灰色うさぎもよく知ってるって。
　きみが彼女を好きかきらいか。そんなことはどうでもいい。きみがどう思っていようと、彼女がいることに変わりはない。
　あの子は、自分にしかできないことをやりとげた。
　自分の考えを声にして届けたんだ。からかわれることもあったし、非難されることもあった。彼女の主張は、すごく単純だけど、ほんとうに大切なことだった。

115

2019年9月以降、グレタに続き、世界4500の都市で学生たちがストライキを起こし、地球温暖化を止めるために行動するよう政府に要求しはじめた。その翌年には新型コロナウイルスのパンデミックが起き、ぼくらはこれから地球が向かおうとしている世界をまざまざと見せつけられた。

　もしかしたら、きみもストライキのなかにいたかもしれないね。きみがいなくても、きみのきょうだいや友だちが参加していたかもしれない。

　灰色うさぎは、あの場所にいた。証拠も残っているよ。最前列でこう書かれたプラカードを掲げている。「地球のかわりはない」「2℃に気をつけろ」「2℃になるまえに止めよう」。

　2℃って、なんのことだろう。かんたんだよ。地球の平均気温が2℃上昇したら、もうおしまい、ゲームオーバーなんだ。ひょっとしたら、きみは無事かもしれないし、きみの未来の子どもたちも無

事かもしれない。でも、世界のほとんどの人たちにとってゲームオーバーとなる。地球は、人間の住めない星になるだろう。

　この、あともどりができなくなる地点を「ポイント・オブ・ノーリターン」という。崖の上から飛びおりてから、「やっぱり、やめた！」とは言えないよね。気候も同じなんだ。

　2015年、世界195か国が、パリ協定という重要なとり決めに署名した。これは21世紀末までに世界の平均気温の上昇を1.5℃未満に抑えようというものだ。

　でも、すべての国が納得していたわけじゃなかった。たとえば、アメリカの場合、はじめは署名していたけれど、2年後の2017年に離脱し、2021年に復帰した。だから4年遅れでスタートしたことになる。

　とはいえ、スタートはスタートだ。よく言うだろう？「遅くても、何もやらないよりはマシ」ってね。

気候変動が警告に

　ここまで読んだきみはもう、気候変動がどれだけ重要な問題かわかったはずだ。

　子ども部屋の壁の色を塗りかえるのは楽しい。お気に入りの本や好きな歌が変わるのも、きみの成長の証だ。

　でも、ぼくらが住む地球の気候は、変わらなくていい。大きく変わると（2℃は変わりすぎだ）、気候は人類にとって最大の敵となる。ぼくらは戦争のように、気候と戦わなくちゃならなくなる。

13　グレタ・トゥーンベリは、どうして有名なの？

きみは、「平均気温が上昇すると、何が起きるんだろう」って考えてるかもしれないね。ちょっとだけ教えてあげよう。ネタバレだけど、許してくれよ（とはいえ、この件に関しては、シナリオを知ってたほうがぜったいにいい）。

ぼくらは、地球温暖化の抑制に、腕まくりをして取り組まなくちゃいけないんだ（やる気のない人の袖をまくってあげることもすごく大事だ）。

二酸化炭素の排出量を2030年までに45％削減し、2050年までにゼロにしなくちゃならない。ゼロというのは、まったく排出しないという意味ではなくて、森や海（そして、人類が発達させたテクノロジー）が吸収できるのと同じ量を排出するということさ。

温暖化を抑えるためには、新たに生みだされる二酸化炭素を減らすだけではなく、すでにある二酸化炭素をできるだけ減らす必要もある。

じつは、これがなかなかやっかいで、まだ解決策が見つかっていない。でも、ひとつだけわかっていることがある。木を植えることが助けになりそうなんだ。きみも1本植えてみよう。いますぐに。たくさん植えて、木が働いてくれるように世話をしよう。

でも、それだけじゃ足りない。空気中の二酸化炭素を「ビンづめ」にして地中や海底に埋める方法も、研究が進んでいる。おもしろいアイデアだよね。ただし、ビンが割れたら何が起きるか、まったくわかっていないけど。

数字の話

IPCC（気候変動に関する政府間パネル）が発表した『1.5℃特別報告書』は、科学者91名と44か国の協力により、6000点を超える論文を参考にしてつくられた。

13 グレタ・トゥーンベリは、どうして有名なの？ **119**

温暖化対策を進めるにあたって、なにより難しいのは、世界の国々の意見をまとめることだ。貧しい国々に長いあいだ「いつか豊かな国と同じように暮らせる」と信じさせておいて、いまさら、「二酸化炭素を出しすぎるから、そんな暮らしはもうできない」なんて言えないだろう？

　それに、お金持ちのライフスタイルを変えるのも難しい。そんなことをしたら、かれらは「生活の質が落ちた」と感じるだろう。

このまま何もしないと、どうなる？

　もちろん、なんの対策もせず、「見て見ぬふりをする」という選択肢もある。

　その場合、2100年には地球の平均気温は5℃上昇し、夏には北極の海から氷が消え、海面が80センチ上昇する。

　ぼくらはたびたび突然の熱波や竜巻に襲われ（外につないだ自転車は、外国まで飛んでいくようになる）、パンデミックも、よりひんぱんに発生するようになるだろう。

　だから、この数世紀の人類の進歩の証である民主主義国家は、正しい方向へと歩みださなくてはならない。そのために必要なキーワードをふたつ紹介しておこう。

緩和策（温暖化を防ぐ）
　温暖化を抑え、遅らせるために、温室効果ガスの排出を削減すること。化石燃料の使用やエネルギーのムダづかいをなるべく減らし、

天然資源を守ること。

適応策（自分も変化する）
　生活習慣の一部を変え、温暖化の被害を受けにくくすること。コロナ禍で人込みを避けるようになったみたいにね。

　キーワードはもうひとつある。「正しい知識」だ。信用できる情報にあたることが大切なんだ。

　これには、きみがこんな本を読むことだけじゃなく、気候変動なんてたいした問題じゃないって言う人や、きみとは違う意見をもつ人に、こういった本を読ませてあげることもふくまれる。

　かれらだって、悪気があってそうしているわけじゃない。きみが教えてあげればいいんだよ。

史上最高のプロジェクト「2030アジェンダ」

　「アジェンダ」というのは、計画表のことだ。イタリア語では手帳のこともアジェンダという。

　きみも手帳に予定を書きこんでいるんじゃない？　お気に入りの歌詞を書きとめ、写真を貼り、友だちとページをめくって笑いあう、なんてこともあるかもしれない。

　世の中には、10年使えるアジェンダもあるんだよ。もしかしたら、

人類史上もっとも重要なアジェンダかもしれない。それが、「2030アジェンダ」だ。

このアジェンダには、大まかな計画が書きこまれている。細かい計画は、これからだ。このなかには、持続可能な開発を実現し、貧困と戦うための、2030年までに達成させるべき17の世界共通の目標もふくまれている。

そう、持続可能な開発目標（SDGs）のことだ。ごくかんたんに説明したものをならべてみるよ。

1. 貧困をなくそう
2. 飢餓をゼロに
3. すべての人に健康と福祉を
4. 質の高い教育をみんなに
5. ジェンダー平等を実現しよう
6. 安全な水とトイレを世界中に

7. エネルギーをみんなに。そしてクリーンに
8. 働きがいと経済成長を両立させよう
9. 産業と技術革新の基盤をつくろう
10. 人や国の不平等をなくそう
11. 住みつづけられるまちづくりを
12. つくる責任、使う責任。持続可能な生産と消費を
13. 気候変動に具体的な対策を
14. 海の豊かさを守ろう
15. 陸の豊かさを守ろう
16. 平和と公正をすべての人に
17. パートナーシップで目標を達成しよう

 とてつもなく高い目標だ。おそらく達成は困難をきわめるだろう。でも、かつて路地裏でサッカーボールを蹴っていた子どもたちも、とてつもなく高い目標をもっていたんじゃないかな。そして、夢をあきらめなかった子どものなかから、メッシやロナウド、ネイマールのような、世界で大活躍する選手が現れた。

13 グレタ・トゥーンベリは、どうして有名なの？　123

14

人類が絶滅するって、ほんとう?

　ほんと、灰色うさぎって心配性だよね。ふたことめには、「急いでこの星を救わなきゃ。地球がピンチだ」って叫んでる。

　でも、じっさいには、地球そのものはピンチじゃない。すこぶる元気だ。数十億という歳を重ね、ありとあらゆるピンチを乗りこえてきた惑星なんだ。気温が1℃や2℃、それどころか10℃上昇したって、どうってことはない。

　ドロドロにとけた灼熱の火の球だったこともあれば、氷の球になったこともある。温室効果ガスを放出したこともあれば、ためこんだこともあった。15億年間いっさいの生命を育まず、命が芽生えてからは、大量絶滅を5回経験し、そのたびに動植物の多くが死に絶えた。

　それでも、地球は活動を止めなかった。すると、これまでの生物

125

にかわって新たな生物が登場しはじめた。新しい植物が根を張り、新たな動物が空を飛び、穴を掘り、地上をはいずりまわるようになったんだ。

　危機に瀕しているのは、ぼくたち生きものだけだ。もちろん、灰色うさぎも。灰色うさぎは、人間の行動が、自分の乗ったボートに火をつけるようなものだったと知った。そして、その結果、これから何が起きようとしているのかも。

大量絶滅ビッグ5

2億5000万年前

ペルム紀
この大絶滅により、昆虫をふくむ地球上の生物の83％が死に絶えた。火山の噴火が原因といわれる。

4億5000万年前

オルビドス紀
海面が下降し、海に生息していた生物のうち85％の種類が死に絶えた。

3億7500万年前

デボン紀後期
生物の82％が死に絶えた。大気中のオゾン層が薄くなったことが原因だといわれている。

> **6500万年前**
>
> **白亜紀**
>
> 恐竜をふくむ生物の75％が死に絶えた。小惑星の衝突が原因だと考えられている。

> **2億年前**
>
> **三畳紀**
>
> 気候の変化により、海洋の生物は34％が死に絶え、陸上の生物も多くが絶滅したが、恐竜など一部の生物は多様な進化を遂げた。

人類絶滅まで あと **70年**

ぼくらが絶滅するのは、いつ？

　人類の絶滅なんて、起きないにこしたことはない。でも、気になるのなら、予測はできる。ただし、はずれる可能性は、ものすごく高い。複雑すぎてまだ結論を出せないことがたくさんあるからね。

　科学者を悲観的なタイプと楽観的なタイプで分けたら、悲観的な科学者たちはこう主張するはずだ。「人類絶滅の日は、きみたちが思っているのよりずっと近い！」って。このペースで気候変動が進むと、2090年から2100年には、いま地球に生息する生物の半分が死に絶えるといわれている。

じっさいにどうなるかは、わからない。

人間はこれまでに170万種の生物を特定し、分類してきた。その一方で、まだ発見されていない生物も同じくらい存在すると考えられている。とくに昆虫と深海生物については、わかっていないことがたくさんある。

すでに発見された生物は、絶滅の危険性がとくに高い「レッドリスト」と、それ以外の「イエローリスト」に分類されていて、それを見ると、たしかに多くの生物が絶滅の危機に瀕していることがわかる（とはいえ、種の消滅も、ある意味では自然現象なんだけど）。

> **数字の話**
>
> 日本では、9万種の生物が確認されている。まだ知られていない生物もふくめると30万種を超えるといわれているんだよ。この9万種のうち、哺乳類の40％、爬虫類の60％、両生類の80％が、日本だけに生息している種なんだ。

ぼくらが侵略を受けるのは、いつ？

運がよければ、きみも地球外知的生命体が地球に降りたつ瞬間に立ち会えるかもしれない。運が悪ければ、到来するのは、知的じゃない地球外生命体だ。ものすごく運が悪ければ、知的だけど、邪悪な地球外生命体に遭遇する。それ以外の生命体から侵略を受けるとしたら、もとの生息地域から移り住んできた、地球上の生物だね。

侵略が起きるということは、だれかが絶滅の危機にさらされるということだ。

最近では、ヨーロッパの赤いキタリスからほとんどの住みかを奪ったアメリカのハイイロリスの例がある。ほかにも、ミツバチを食いあらすツマアカスズメバチや、ヨーロッパの排水溝に住みついたヌートリアがいる（ヌートリアは日本でも増えてきている）。

アメリカからイタリアにやってきたピアス病菌は、樹齢何百年というオリーブの幹をむしばみ、美しい葉を枯らした。150年前には、同じように、ブドウにとっての害虫であるフィロキセラがアメリカから持ちこまれたことで、ヨーロッパの多くのブドウの木が枯れてしまった。

気候変動は、こうした外来種の侵略にも拍車をかける。気候が変わると、人間だけでなく、あらゆる生物が生きのこる手段を探さなくてはならなくなる。

臆病者の灰色うさぎみたいに、時空を超えてパラレルワールドに行く能力を身につけないかぎり、ぼくらにはこの地球しか住む場所がない。

そう考えると、最後の疑問に行きつく。

14 人類が絶滅するって、ほんとう？ 129

15

環境を守るために、何かできる？

わかるよ。ひいおじいちゃんや、おじいちゃん、お父さんが壊したものの修理を、きみがはじめなくちゃならないなんて、おかしな話だ。

しかも、それを指摘して怒られたら、頭にくるよね。でも、怒られても、くじけちゃいけない。

この本を書いているぼくたちは、きみに明るい気持ちで未来を考えてもらいたかった。だから、灰色うさぎという世界一のこわがりを連れてきた。自分たちの知識を提供し、いっしょにこいつの不安を解消することで、きみの不安もとりのぞいてあげたいって思ったんだ。

きみは地球の将来が心配なんだよね。じゃあ、「心配」っていうことばを、「心を配る」って読んでみたら、どうなる？　うん、「気にかけて行動する」って意味になるよね。そう、この「心配」を「行動」に変えることが、いまのぼくらには必要なんだ。

131

ぼくらは地球のことを気にかけながら、行動しなくちゃいけないんだよ。

小さなことでもいいんだ。たとえば、ツナ缶の油を流しに捨てないとか（たとえば排水口に油が1リットル流れると、100万リットルもの水が飲めなくなるんだ）。ふだんは車で送ってもらう場所に、自転車で行くのもいいだろう。

学校からムダをなくそう

勉強は好き？　それとも大きらい？　やらなきゃいけないから、やっているだけ？　いずれにせよ、きみは1日の大半を学校で過ごしている。

でも、ほんとうに学校をよく見たことってある？　校舎は古い？新しい？　町なかにある？　それとも、郊外？　暑い？　寒い？何階建て？

環境という点に限って言うと、たいていの学校は、問題だらけだ。たとえば、暖房。教室のなかは暑いくらいなのに、暖房がついたま

ジーンズのレンタル

オランダに、Mud Jeansというジーンズのお店がある。この店では、ジーンズを買うことも、レンタルすることもできるんだ。しかも、商品を着古してお店に返却すると、リサイクルして新しい製品に生まれ変わらせてくれる。ブランドのモットーは「ジーンズと同じくらい、この星が好き。そんなあなたのための店」。きみも気に入ること、まちがいなしだ！

まになっていない？

　話のわかる先生たちや仲間を集めて、学校の環境改善に協力してもらうといい（そういう人はきみが思っているよりたくさんいる。ホントだぞ！）。

　かれらの力を借りれば、こんな取り組みができる。

照明を消す

だれもいないときには、教室の明かりを消す。

「エネルギー当番」を決める

教室に「快適な室温」がわかる温度計を置いて、エネルギー当番に調整してもらおう。エアコンの設定温度が高すぎたり低すぎたりしたら調節し、外の気温がちょうどいいときには窓を開けてもらうんだ。

熱の発散を防ぐ

古い校舎で窓からすきま風が入ってくるなら、布をソーセージみたいに丸めてすきまをふさごう。

分別して収集できるゴミ箱にする

クラスのゴミ箱を、素材ごとに分別できるようにしよう。

3 R

きみがとるべき行動は、たいていつぎの3つの「R」が示してくれる。

Reduce（減らす）：ムダづかいを減らそう。必要なものがあるときは、まず家のなかを探すんだ。家になければ、新品じゃなくて中古を買う。ペットボトル飲料をやめて水筒を持ちあるく（水なら水道水を入れよう）。買いものを減らし、質のいいものをほんとうに必要なときだけ買おう。

Reuse（くり返し使う）：持っているものは、最後まで使おう。ボロボロになったズボンは、バッグや巾着、あて布や雑巾になる。壊れたら修理をして、何かのかわりにならないか考えよう。

Recycle（再利用する）：どうしても捨てなきゃならないときは、適切なやり方で処分しよう。古くなったスマホには、リチウムや金、銀、カドミウムといった貴重な素材がたくさん使われている。まだ使えるものは、必要としている人にゆずろう。

仲間とつながり、反逆の精神で行動せよ

「たったひとりの人間に何ができる」って？　ふむ、もっともな意見だ。

たしかに、電気を消すのはかしこい行動だ。でも、アマゾンで森が燃えていて、海がプラスチックだらけなのに、そんなことして意味があるんだろうか？

それでも、ビーチに水筒を持参すれば、海にペットボトルが1本増えるのを防ぐことができる。

しかも、きみは「たったひとりの人間」じゃない。大勢の人がつながってできたネットワークの一員で、その人たちもまた、別の人たちとつながっている。

毎日やるべき10のこと

1. 使わないときは電化製品のコンセントを抜く

2. 部屋にいないときは照明を消す

 3. 電球はLEDを使う

4. 洗濯機や食洗器は満杯にしてから回す

5. 電化製品を買うときは、省エネラベルの星の数をチェックする

6. エアコンの設定温度は、夏は高め、冬は低めを心がける

7. ゴミは分別する

8. 裏紙をメモ用紙に使う

9. 歩く（自転車もおすすめ）

10. 最後のひとつは……、きみが考えるんだ！

想像してみよう。明日、きみがひとりで市長のもとを訪れて、環境にいいことを提案したら、どうなるだろう。たとえば、学校の屋

15 環境を守るために、何かできる？　135

上にソーラーパネルを設置してくれないかと頼んでみる。市長はきみの話を聞いてくれるかな？

　たぶん聞いてくれないだろう。意地悪だからじゃないさ。市にはお金がないから、もっと重要なことにお金を使わなくちゃならないんだ。きっとね。

　でも、きみがそのアイデアを友だちに話して、その友だちが別の友だちに話して、その子が生徒会長に話をして、生徒会長が「委員会をつくって全生徒を巻きこもうよ」って言いだしたら、どうなる？　委員会のメンバーには、きっととなりのクラスのあの子もいる。あの子のお母さんは、ジャーナリストなんだ。その子の部活仲

屋上ガーデニングで温暖化対策

　「屋上緑化」って知ってる？　ビルの屋上や建物の屋根に植物を植えることだよ。じつは、緑化すると、コンクリートで覆われている状態より約23℃も表面温度が下がることがわかっている。建物が熱を蓄えないようにする効果があり、逆に冬は熱を外に逃がさない効果もあるんだ。夏の日中は屋上の下の部屋の温度を2〜3℃下げ、冬は1〜2℃高くするんだって。こんなくふうをすることで、地球温暖化を遅らせることもできるかもしれない。

間のお父さんは大学教授で、その部活には、おばさんが警察官をやっている子もいて、その子の親友のおじさんは、太陽光パネルの設置をしていて……。

そうなったら、市長もきっときみの話を聞いて、要望に応えるためにできるかぎりのことをしてくれるはずだ。そのころには、環境が市民にとって重要な問題だってわかってるだろうからね（そうじゃなくても、つぎの選挙で投票するのは市民だ）。

ようするに、投げる石はひとつでも、投げ方がじょうずならいいんだ。石の使い道は、大量に投げて何かを壊すだけじゃない。

転がすこともできる。音を立てることもできる。積みあげて山をつくることもできる。

だから、自分が正しいと思ったら、「めんどくさいヤツ」と思われることをおそれちゃいけない。

情報収集につとめ、真剣に取り組もう。きみのじゃまをしてくる理論や陰謀、あくどい権力者を信じてはいけない。

まわりの人間を巻きこむんだ。

正しい知識を手に入れよう（たまにこの本を開いて灰色うさぎの話を聞けば、ほどよく正確な情報が手に入る）。

そうすれば、ステキな「ごほうび」が待っている。それは、イタリア語でいう tempo だ。この本の最初で見たことばなんだけど、覚えてるかな？　「時間」と「天気」を意味することばだったね。

気候とじょうずにつきあえば、ぼくらはずっとこの星に住みつづけることができる。春や秋の気持ちいい天気がなくなることもない。がんばったきみには、そのごほうびを手に入れる資格がある。

15 環境を守るために、何かできる？　137

じゃあ、またね

ここまで、よくがんばった。

この本は、地球が宇宙を回りながら太陽や月と踊る重力ダンスの説明にはじまり、この星の生命を育む絶妙なバランスの話に行きついた。

ぼくらは途方もなく大きな存在の一部だ。そして、この星のすべてを、いまのまま、あるべき姿で残したいと心から願っている。

ぼくたちは、うさぎじゃない。白うさぎでも、灰色うさぎでも、黒うさぎでもない。アリンコだ。

ちっぽけなぼくらは、掘れるかぎりを掘りつくした。駆けずりまわってそこらのにおいを嗅ぎ、探索し、ほしいものを見つけだした。そして、よそのアリにも協力をお願いし、役立ちそうなものを巣で運んでもらった。

そして快適な環境をつくりあげたいま、ふたつのことに気がついた。

1）ぼくらの快適な巣に住みたがっているアリが、ほかにもたくさんいること

2）全員でその巣に入るには、調整が必要なこと

自分について知ろうとすると、どうしても欠点まで見えてくる。毎朝、鏡を見るときと同じだ。鼻がもう少し上や下を向いてたらなって、思わない？　目がもう少しこうだったらなあ、とか。え、ほくろ？　これはチャームポイントといえなくもない。

たとえきみがイヤだとしても、こうして鏡に映ったのが、じっさ

139

いの姿だ。そして、ぼくら人類の現状も、この本で見てきたとおり。姿を映し、自分を外から見られる道具は、人間の大発明だ。鏡は、いまのありのままの状態と、これからなすべきことをぼくらに示すためにつくられた。

さあ、いまからはじめよう。きみにはアジェンダという計画書があり、自分の声がある。そして、このふたつに意味をもたせるだけの行動力がある。

もしかしたら、めんどうくさいヤツだとか、考えすぎだって言われるかもしれない。よけいなお世話だって言ってくる人もいるかもしれない。

でも、ぼくらがやっているのは、他人のお世話じゃない。自分たちの未来を守るための行動だ。

めげそうになったら、鏡が映しだす姿を、客観的に映しだされた地球の姿をよく見れば、自分がまちがっていないことが確認できるだろう。それを裏づけるデータはいくつもある。

地球が口をきかないというのはウソだ。地球は、地球なりの方法で語りかけている。気候という、きみや全人類に向けられたことばを使って。

それが、この惑星なりのお説教のしかたなんだ。同時に感謝の伝え方でもある。

それでは諸君、健闘を祈る。

日本版監修者あとがき

「地球が暑くなってきている」。そう言われるようになってから、だいぶたつ。そして、そのあいだにも確実に地球温暖化は進んでいき、異常気象が各地で起きている。それなのに、なかなか各国の政府は重い腰を上げない。砂時計の砂は残り少なくなっているのに。

その危機感を「白うさぎ」から「灰色うさぎ」に置きかえて、10代の読者にもわかるように話を進めているのが本作だ。

私は世界のいろいろな山を歩いてきた。どこに行っても氷河が後退していて、ヒマラヤでは氷河湖の決壊により、大きな被害が発生しているし、アルプスでは村から見えた氷河が跡形もなくなっている。

世界の山を歩くと、日本の山の魅力に気づく。ブナやミズナラ、カシなど多様な木々がつくりだす森、その森が育む水、美しい沢。それらが色づく新緑や紅葉。その色あいも、海外のような原色に近いどぎつい色ではなく、繊細でひとつひとつ微妙に異なった色が美しく調和している。まさに自然の芸術品だ。私たちの目を楽しませてくれる、そうした木々も近年、立ち枯れが深刻になってきている。

鹿などの動物や虫による被害が多いが、特定の動物が増えるのも、生物が多様性を失いかけている兆しである。また、夏の猛暑や極端な気温の変動によって、木の抵抗力が弱ってきていることも一因だと思われる。このまま温暖化が進めば、数十年後には美しいブナの新緑も、ナナカマドの紅葉も見られなくなるかもしれない。

141

それだけではない。植物が生きられないということは、そこに住んでいる動物、虫たちにとっても生きられない世界になっていく。それは、私たちが食べるものも少なくなっていくことも意味している。

　人間がつながっているように、地球のなかに生きているものも、すべてつながっている。ひとつを壊せば、それがほかにもつぎつぎに影響していき、二度ともとにはもどらない。そうした、ひとつひとつに備わる生命の大切さを知ることができるのが登山のよさでもある。危機はすぐそこに迫っているのに、コンクリートジャングルのなかで生活していると気づかない。だから、子どもたちには山に行ってほしい。自然のなかで遊んでほしい。

　ひとつしかない地球。恐竜が滅んでも地球は生きのびていったように、人間が滅びても地球は超然としてそこにいつづけるだろう。それもひとつの時の流れかもしれない。ただし、恐竜と違って、人間には理性と知性がある。それらを使って、今後、人間が生きのびていくのか、ほかの生物を巻きこんで滅びていくのか、まさにいま、このときにかかっているのだろう。

山岳気象予報士　猪熊隆之

著

ピエルドメニコ・バッカラリオ

児童文学作家。1974年、イタリア、ピエモンテ州生まれ。著書は20か国以上の言語に翻訳され、全世界で200万部以上出版されている。小説のほか、ゲームブックから教育・道徳分野まで、手がけるジャンルは多岐にわたる。邦訳作品に、『ユリシーズ・ムーア』シリーズ（学研プラス）、『コミック密売人』（岩波書店）、『13歳までにやっておくべき50の冒険』（太郎次郎社エディタス）など。

フェデリーコ・タッディア

ジャーナリスト、放送作家、作家。1972年、ボローニャ生まれ。あらゆるテーマについて、子どもたちに伝わることばで物語ることを得意とする、教育の伝道者でもある。子ども向け無料テレビチャンネルで放送中の「放課後科学団」をはじめ、多彩なテレビ・ラジオ番組の構成・出演をこなす。P・バッカラリオとの共著に『世界を変えるための50の小さな革命』（太郎次郎社エディタス）がある。

監修　クラウディア・パスクエーロ

ミラノ・ビコッカ大学地球環境科学部准教授。1972年、トリノ生まれ。専門は、海洋学および大気物理学。カリフォルニア工科大学、カリフォルニア大学ロサンゼルス校、アーバイン校にて指導経験をもつ。現在は、欧州宇宙機関と協力し、気候研究のための衛星の開発を進めている。著書に『量子暗号の発見』（共著）など。

絵　グッド（Gud）

漫画家、作家。本名はダニエーレ・ボノモ。1976年、ローマ生まれ。短編小説、マンガ、子ども向けグラフィック・ノベルを手がける。漫画学校の講師やローマの漫画祭ARF!の企画もこなしている。代表作に「ティモシー・トップ」シリーズなど。

日本版監修　猪熊隆之（いのくま・たかゆき）

山岳気象予報士。全国330山の天気予報を手がける国内唯一の山岳気象専門会社「ヤマテン」代表取締役。1970年生まれ。幼少期から天気・地図オタクで、地形が天気に与える影響に興味があった。テレビ番組の撮影協力でも活躍するほか、山で空を見ることの楽しさ、安全登山のための雲の見方などを伝える活動もしている。著書に、『山岳気象大全』（山と渓谷社）、『天気のことわざは本当に当たるのか考えてみた』（ベレ出版）など。

訳　森敦子（もり・あつこ）

翻訳家、イタリア語講師。1985年、鹿児島県生まれ。イタリア語の書籍を翻訳しながら、オンライン中心の小さなイタリア語教室「ピエリア」を運営。訳書に、本シリーズの『だれが歴史を書いてるの？──歴史をめぐる15の疑問』（太郎次郎社エディタス）、A・ファリネッリ著『なぜではなく、どんなふうに』（東京創元社、関口英子と共訳）など。

いざ！探Q ⑤
地球はどこまで暑くなる？
気候をめぐる15の疑問

2023年8月30日 初版印刷
2023年9月30日 初版発行

著者　　　ピエルドメニコ・バッカラリオ
　　　　　フェデリーコ・タッディア
監修者　　クラウディア・パスクエーロ
イラスト　グッド

日本版監修者　猪熊隆之
訳者　　　森敦子
デザイン　新藤岳史
発行所　　株式会社太郎次郎社エディタス
　　　　　東京都文京区本郷3-4-3-8F　〒113-0033
　　　　　電話 03-3815-0605　FAX 03-3815-0698
　　　　　http://www.tarojiro.co.jp

編集担当　漆谷伸人
印刷・製本　大日本印刷

定価はカバーに表示してあります
ISBN978-4-8118-0675-4 C8044

Original title: Come sta la Terra?
By Pierdomenico Baccalario · Federico Taddia with Claudia Pasquero
Illustrations by Gud
© 2021 Editrice Il Castoro Srl viale Andrea Doria 7, 20124 Milano
www.editriceilcastoro.it info@editriceilcastoro.it
From an idea by Book on a Tree Ltd. www.bookonatree.com
Project Management: Manlio Castagna (Book on a Tree),
Andreina Speciale (Editrice Il Castoro)
Editor: Giusy Scarfone
Editorial management: Alessandro Zontini
Collaboration on the text writing: Andrea Vico
Graphic design and layout by ChiaLab

The authors would like to thank Elisa Palazzi, climatologist and Professor
at the Department of Phisics, University of Turin,
for significantly contributing to chapters 1, 2, 3, 7, 8 and 12

Questo libro è stato tradotto grazie ad un contributo
del Ministero degli Affari Esteri e della Cooperazione Internazionale italiano.
この本はイタリア外務・国際協力省の翻訳助成金を受けて翻訳されたものです。